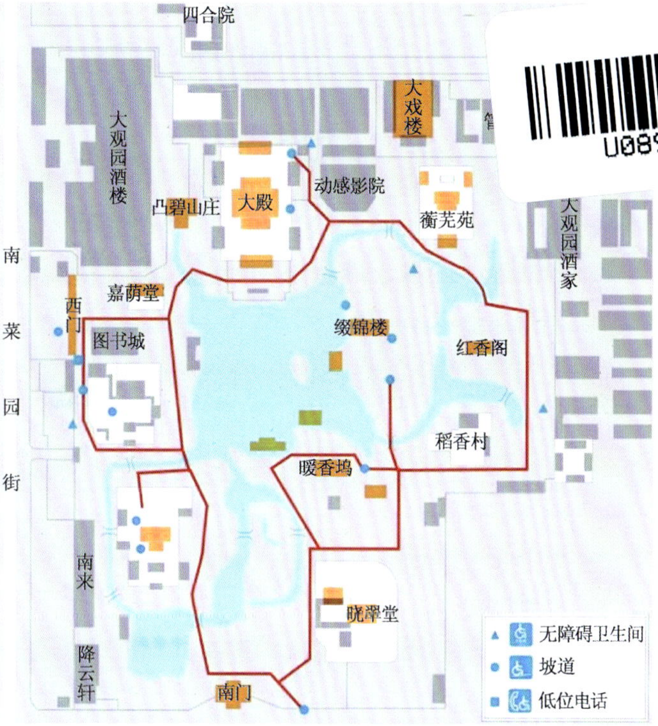
四合院
大观园酒楼
大戏楼
动感影院
凸碧山庄
大殿
蘅芜苑
大观园酒家
南菜园街
嘉荫堂
西门
图书城
缀锦楼
红香阁
稻香村
暖香坞
南来
降云轩
晓翠堂
南门
无障碍卫生间
坡道
低位电话

图 2-3

图 2-4

图 2-6

图 2-7

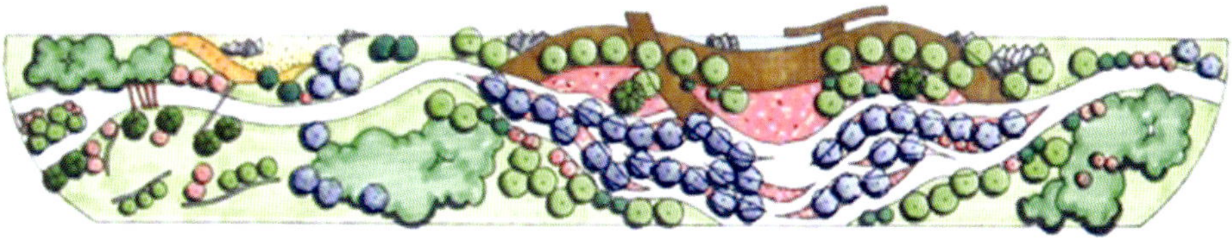

图 2-10

图 2-11

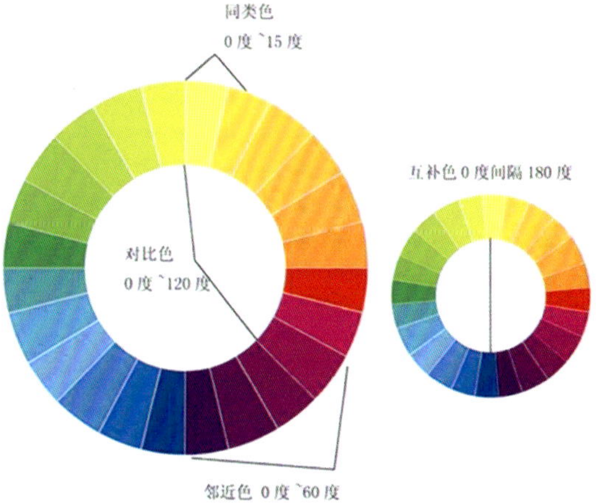

图 4-10

图 4-13

图 4-14

图 4-15

图 4-16

图 4-17

图 4-19

图 5-15

图 5-16

图 6-22

图 6-44

图 6-45

图 6-46

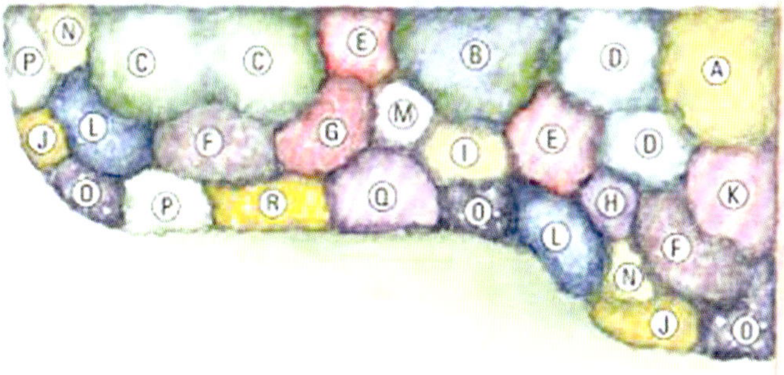

图 6-47

图 6-48

图 6-49

图 6-50

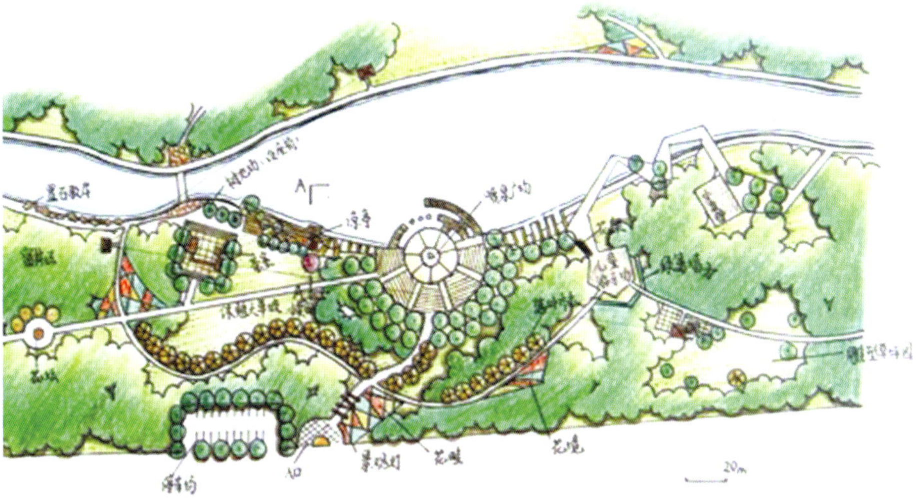

图 7-3

图 7-4

图 7-5

图 7-6

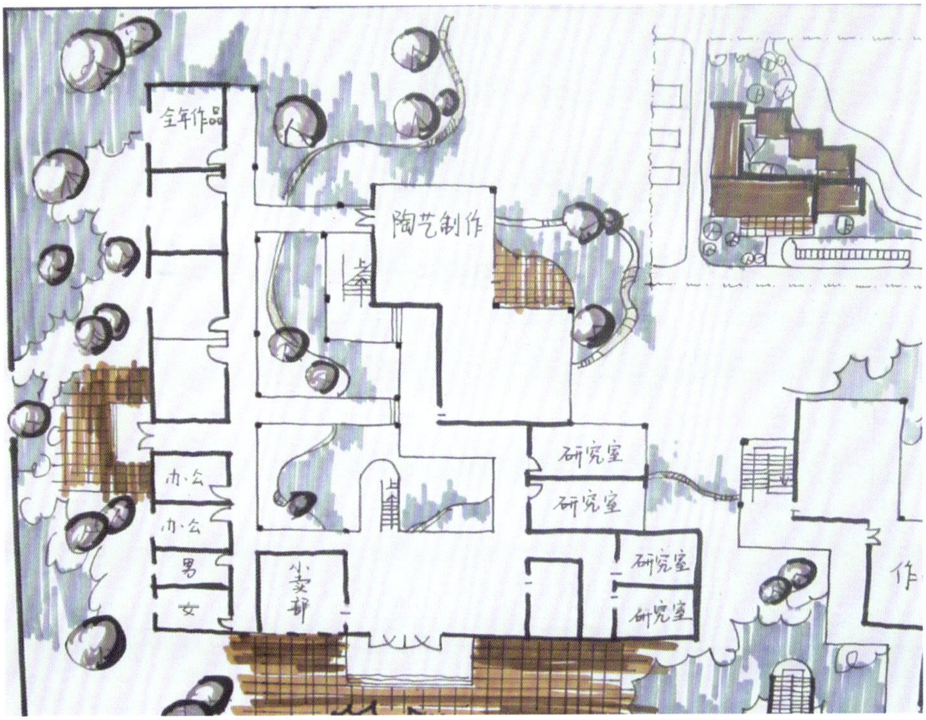

图 7-7

图 7-8

图 7-9

图 7-10

图 7-11

图 7-12

图 7-13

图 8-3

FUNDAMENTALS OF
LANDSCAPE DESIGN

园林设计初步

《园林设计初步》编写委员会

主　编　田治国
副主编　杨　艳　（常州大学）
参　编　（按姓氏汉语拼音排序）
董永辉　（以色列威兹曼科学院）
郭志青　（德国波恩大学）
李　涛　（中国农业科学院 农业环境与可持续发展研究所）
刘长命　（陕西商洛学院）
马　闯　（天津农学院）
王　莎　（西安建筑科技大学）
张文娥　（贵州大学）
摄　影　李　涛　田治国　杨　艳　董永辉
绘　画　李　鑫　张　晗　朱小强　牟太福　胡　涛
张　衡　姚　静　冯　卿　石　颖　张沛祺

江苏大学出版社
JIANGSU UNIVERSITY PRESS
镇　江

图书在版编目(CIP)数据

园林设计初步 / 田治国主编. — 镇江 ：江苏大学出版社，2015.11(2024.8 重印)
ISBN 978-7-5684-0088-6

Ⅰ.①园… Ⅱ.①田… Ⅲ.①园林设计 Ⅳ.①TU986.2

中国版本图书馆 CIP 数据核字(2015)第 255351 号

园林设计初步
Yuanlin Sheji Chubu

主　　编/田治国
副 主 编/杨　艳
责任编辑/李经晶
出版发行/江苏大学出版社
地　　址/江苏省镇江市京口区学府路 301 号(邮编:212013)
电　　话/0511-84446464(传真)
网　　址/http://press.ujs.edu.cn
印　　刷/江苏凤凰数码印务有限公司
开　　本/718 mm×1 000 mm　1/16
印　　张/13.25　彩插 16 面
字　　数/144 千字
版　　次/2015 年 11 月第 1 版
印　　次/2024 年 8 月第 5 次印刷
书　　号/ISBN 978-7-5684-0088-6
定　　价/38.00 元

前　　言

笔者学习园林植物与观赏园艺专业多年，博士毕业后进入高校，讲授园林专业“园林设计初步”“园林艺术设计”与“设计基础”等相关设计类课程。

起初教书时，查阅不同版本的“园林设计初步”教材，总觉得其内容或冗长或与主题略有不符，难以心仪。心想，与其将就不满，倒不如索性自己整理一本适合自己教学的讲义。加之出于对景观设计的喜爱，很长一段时间内笔者一门心思的潜心学习、阅读前辈所著的园林设计类的书籍和教材，如孙筱祥先生的《园林设计与园林艺术》、周维权先生的《中国古典园林史》、三古彻大师的《风景阅读之旅》等。并经常在课余把自己圈在家中，反复修改讲义。之后，再回到教学中，与学生探讨相关问题。讲义经反复修改、总结后终成书稿。在此期间，得到了朋友和学生的鼎力相助，或提供照片或完善文字。

书中很多观点和理念的形成是笔者站在园林植物的角度去审视设计的，其内容有别于他人的纯设计。此外，有些内容是在教学过程中迸发出的灵感。可以说，书中字里行间透露的是我们对于园林专业的喜欢，以及对于大学教师这个职业的热爱。

本书内容可分为三大块，即基础、应用和实践。基础部分主要是第 1 章至第 5 章的内容，即园林设计概述，园林立意、相地与布局，中国古典园林造景手法，构成艺术与景观构图设计和园林要素表现。通过这几章的学习，可使学生积累专业知识，培养学生设计理念的构成。应用部分涵盖第 6 章至第 8 章的内容，即园林要素设计（地形、植物、园路、水景、建筑和小品、山石等设计）、园林手绘色彩表现、园林设计程序与设计文案。通过此内容的学习，帮助学生掌握相关技术要领并建立正确的思考方式。实践部分主要是第 9 章园林空间设计。通过此章节的学习并结合之前的知识，学生能较好地完成一个特定场地或空间的园林景观设计。另外,本书的课程作业选取不同角度、不同性质的作业内容,主要由公园体验、文字阐述设计、给定场地的构图设计、园林庭院抄绘、居住区园路与植物设计、手绘色彩技法练习与私家庭院设计等构成,以求全方位训练学生的设计技能。

本书在编写过程中,参考、借鉴了很多学者的研究成果和文献资料,在文中和书后参考文献均尽力注明。但由于内容较多,难免有遗漏,还请原作者和读者指出以便补遗。另外,书中很多绘图都是自己的学生提供的,在此一并表示感谢。

希望此书对于自己的学生或他人的学生能有一点帮助,我们将幸福不已。

由于编者水平有限,谬误之处,欢迎批评指正。

田治国于常州

2015 年 3 月

目　　录

1 园林设计概述

1.1 园林、景观及园林的类别

1.1.1 园林及其相关概念

在人类的发展历史中,优美的环境是人们无时无刻不在追求的目标。最早的造园可以追溯到2000多年前建立的祭祀神灵的场地、围造的供帝王贵族狩猎游乐的园囿和居民为改善环境而进行的绿化栽植等。初期园林主要是植物与建筑物的结合,形式较简单,建筑物是主体,园林仅充当建筑物的附属品。随着社会的发展,园林逐渐摆脱建筑的束缚,也不再局限于庭园、庄园、别墅等单个相对独立的空间范围,而是扩大到城市环境、风景区、保护区、大地景观等区域,涉及人类的各种生存空间。

(1) 园林

在一定的地域,运用工程技术和艺术手段,通过整地理水、植物栽植和建筑布置等途径,创造出一个供人们观赏、游憩的优美环境,即为园林。某些特殊的艺术,如插花、盆景等,因其创作素材和经营手法与园林相同,都可归于园林艺术的范围。

有人认为园林是人类建造的第二个自然,"最理想的办法莫如营造'第二自然'。从自然中来,回到自然去"。

(2) 花园

日常中常把园林和花园混用,花园专指以展示花卉为主的园林。

(3) 景观(landscape)

具有审美特征的自然和人工的地表景色,意同风光、景色、风景。

(4) 景观设计(Landscape Design)

景观设计是关于景观的分析、规划布局、设计、改造、管理、保护和恢复的科学和艺术。

西方对于景观设计的理解是:The art of design. Planning or management of natural and man-made elements through application of culture and scientific know ledge with concern of resource conservation and stewardship to the end that the resultant environment series useful and enjoyable purpose.

(5) 环境设计

环境设计是指对包括自然环境、人工环境、社会环境在内的所有与人类发生关系的环境,以原有的自然环境为出发点,以科学与艺术的手段协调自然、人工、社会三类环境之间的关系,使其达到一种最佳状态。

(6) Landscape Architecture(暂且翻译为园林景观设计)

Landscape Architecture 是在传统园林理论的基础上,具有建筑、植物、美学、文学等相关专业知识的人士对自然环境进行有意识改造的思维过程和筹划策略。众多的学者认为 Landscape Architecture 更符合当今对于园林的理解。

值得一提的是,目前国内总在刻意强调园林和景观的区别,但是事实上,两者并没有本质区别,只是国内流派学术观点不同而已。园林设计、景观设计本就同根同源,刻意区别两者极其不利于本学科的发展。

1.1.2 世界园林体系划分

(1) 东方体系

中国、日本、朝鲜,受中国文化影响,东亚地区主要以写意山水园为主。

(2) 西亚体系

古埃及的墓园、园圃,古阿拉伯地区的花园、教堂。

(3) 欧洲体系

古希腊、罗马、意大利、英国、法国、俄国,受古罗马影响,主要以规则式园林为主。

1.1.3 中国古典园林的类型

中国古典园林发展主要包含 6 个阶段,如表 1-1 所示。

表 1-1 中国古典园林发展简表

阶段	时间	代表形式及主要特点
萌芽期	殷、周	园林雏形——园、圃、囿(台);功能:狩猎场地,游乐、礼祭,游观
形成期	秦、汉	建筑宫苑和“一池三山”;代表:阿房宫、上林苑、未央宫、建章宫
转折期	魏晋南北朝	出现私家园林、寺观园林等新形式;完全转变为游憩、观赏功能;园林特征:崇尚自然,以写实山水园为主,建筑点缀其中,花木种植追求野趣
成熟期	隋、唐、宋	山水建筑宫苑、自然山水园林 、写意山水园林;代表:王维“辋川别业”
高潮期	明、清	宫苑、私家园林、皇家园林
变革期	鸦片战争后	进入以“公园”为标志的新阶段,出现了租界公园,如黄埔公园

中国古典园林可分别按照园林基址选择和开发方式,以及园林的隶属关系两个角度来分类。

(1) 按照园林基址的选择和开发方式的不同分类

中国古典园林可分为人工山水园和天然山水园两大类型。

人工山水园,即在平地上开凿水体、堆筑假山,人为地创设山水地貌,配以花木栽植和建筑营造,把天然山水风景缩小摹拟在一个小范围之内。这类园林多出现于城镇内的平坦地段上,因在喧闹的城市环境中创造出点点绿洲,同时又不失天然野趣,故也称之为"城市山林"。

由于人工山水园的造园要素,基本都为人工创造,造园所受的客观制约条件很少,可以最大限度地发挥人的创造性,发展了丰富多彩的造园手法和园林内涵,所以,人工山水园是最能代表中国古典园林艺术成就的一个类型。清朝的乾隆皇帝六下江南,对南方私家园林情有独钟。一时间,北方陆续出现了许多精美绝伦的山水园林,它们在模仿江南园林的清雅气韵的同时又具有富丽的皇家气魄,正是所谓"移天缩地在君怀",典型代表有颐和园中的"谐趣园"。

天然山水园一般建在城镇近郊或远郊的山野风景地带,包括山水园、山地园和水景园等。这类园林是对于基址的原始地貌根据因地制宜的原则做适当的调整、改造和加工,再配以花木和建筑构建。兴造天然山水园的关键在于基址的选择,即所谓"相地合宜,构园得体",若选址恰当,则能以少量的花费获得远胜于人工山水园的天然风景之真趣。

(2) 按照园林的隶属关系分类

中国古典园林可分为皇家园林、私家园林和寺观园林三大类型。

1) 皇家园林

皇家园林属于皇帝个人和皇室私有,古籍中称之为苑、苑囿、宫苑、御园等。封建社会,皇帝的地位至高无上,凡与皇帝有关的起居环境如宫殿、坛庙、园林乃至都城等,莫不利用其建筑形象和总体布局彰显皇家气派和皇权至尊。皇家园林尽管是模拟山水风景而建的,也要在不悖于风景式造景原则的前提下尽量显示皇家气派。由于具备政治上的特权和经济财力,一般皇家园林的规模都较大,耗资甚巨。为满足不同的使用需求,皇家园林有大内御苑、行宫御苑、离宫御苑之分。大内御苑位于首都的宫城和皇城之内,供皇帝日常游憩。行宫御苑和离宫御苑则建置在都城近郊、远郊风景优美的地方,或者远离都城的风景地带,供皇帝短期或长期居住、处理朝政。

皇家园林特点:集锦式园林,以壮美见长;财力雄厚,规模宏大,布局严谨;多以真山真水为景;宣扬神权,维护君权。

知识链接

圆明园坐落在北京西郊海淀区，与颐和园紧相毗邻。它始建于康熙四十六年(1709 年)，由圆明园、长春园、万春园三园组成。有园林风景百余处，建筑面积逾16 万平方米，是清朝帝王在150 余年间创建、经营的一座大型皇家宫苑。最初是康熙皇帝赐给皇四子胤禛(即后来的雍正皇帝)的花园。

颐和园是中国现存的规模最大、保存最完整的皇家园林，为中国四大名园(另三座分别为承德的避暑山庄、苏州的拙政园、苏州的留园)之一。始建于清乾隆帝十五年(1750 年)，历时15 年竣工，为清代北京著名的“三山五园”(香山：静宜园；玉泉山：静明园；万寿山：清漪园、圆明园、畅春园)中最后建成的一座。咸丰十年(1860 年)在第二次鸦片战争中英法联军火烧圆明园时同遭严重破坏。

避暑山庄历经清朝三代皇帝——康熙、雍正、乾隆，耗时89 年建成，是清代皇帝夏日避暑和处理政务的场所，为中国著名的古代帝王宫苑。

2）私家园林

私家园林属于贵族、官僚、缙绅所私有。古籍中称私家园林为园、园亭、园墅、池馆、山池、山庄、别业、草堂等。由于受到封建礼法的制约，私家园林在内容和形式方面有许多不同于皇家园林之处。

建置在城镇中的私家园林，多为“宅园”，依附于邸宅，是供园主人日常游憩、交友、会客、宴乐、读书的场所，规模不大。也有少数单独建置，不依附于邸宅的“游憩园”。另外，“别墅园”是建在郊外山林风景地带的私家园林，供园主人避暑、休养或短期居住之用，规模一般比宅园大一些。

私家园林特点概述如下：

① 规模较小，一般只有几亩至十几亩，小者仅一亩半亩而已。其规模有限，但布局精巧，可谓“壶中天地，袖里乾坤”。

② 大多以水面为中心，四周散布建筑，构成一个个景点，几个景点围合而成景区。

③ 反映园主个人人格、理想、感情等审美情趣。

3）寺观园林

寺观园林即佛寺和道观的附属园林，也包括寺观内部庭院和外围地段的园林化环境。寺观建置的独立小园林如宅园的模式，也很讲究内部庭院的绿化，多以栽培名贵花木而闻名于世。郊野的寺观大多修建在风景优美的地带,甚至选址于山清水秀的名山胜境,如九华山、普陀山、峨眉山等。

整体看,中国古典园林有四个特点:第一,本于自然高于自然;第二,建筑美与自然美融糅;第三,富有诗画的情趣;第四,蕴含意境。

(3) 中国古典园林按照地域关系分类

中国古典园林按地域关系主要分为 5 种类型,如表 1-2 所示。

表 1-2 中国古典园林按照地域划分表

地域类型	主要特点
江南园林	秀丽、追求园林的“诗情画意”
北方园林	稳重严谨、规则布局,围绕中轴线布局
岭南园林	建筑比重大,注重水的应用
巴蜀园林	质朴,以“文、秀、清、幽”为特色
西域园林	具有少数民族特色

1.2 外国造园发展概况

1.2.1 外国古典园林概述

众所周知,世界上最先由原始社会进入奴隶社会的国家有古代埃及、古巴比伦、古印度和中国。这 4 个文明古国被称为世界文明的摇篮。他们在奴隶制的基础上创造了灿烂的古代文化,建造了大型的建筑物、灌溉系统、城市等,并开始出现造园活动。

在西亚一带如波斯和阿拉伯大部分地区,由于长时间干旱少雨,烈日当空,人们需要水泉、树荫作为调剂,还需借助庭园绿化满足观赏的要求及得到情感的安宁。因而,出现了最早的有范围的经营绿地。公元前 3700 年,埃及出现了最早的园林金字塔墓园,公元前 3500 年,靠近幼发拉底河岸就造有花园。

(1) 古埃及的造园

埃及气候干旱,所以人们极重视水和绿荫。尼罗河谷地区的园艺发达,公元前 3500 年就出现了有实用意义的树木园、葡萄园、蔬菜园。一般庭园呈矩形,绕以高垣,中庭植树、设池,后院有蔬菜园或葡萄园。可从埃及公元前古墓壁画上看到庭园的方直平面的布置。同时,古埃及人相信现世成就之物在来世也能享用,所以陵园、神庙也是非常重要的园林形式,其园林建筑以规则、对称式布局为主。

(2)古巴比伦的"悬园"

古巴比伦城位于幼发拉底河中游,土地肥沃,森林植被茂密,园林以自然风格为主以狩猎为主的森林猎苑是其园林雏形。公元前7世纪的"悬园"是历史上第一名园,被列为世界七大奇迹之一。悬园由一座金字塔形的数层露台构成,顶上有殿宇、树丛和花园,层层种植花草树木,并以人工将水引上山,做成人工溪流和瀑布,远观有将庭园置于空中之感,如图1-1所示。

图1-1 古巴比伦"悬园"

(3)希腊的造园

公元5世纪的希波战争因希腊大获全胜而使其进入太平盛世,希腊人把果蔬园进一步建成装饰性庭园,植以花木,发展为住宅内规则、方整,柱廊园形式的园林。大多数庭园的中间设祭坛或神庙的建筑,还创造了各式水景、水池设在花丛中,种植果树、观赏花木,一年四季都有花可赏。

古代希腊是欧洲文明的发源地。体育运动的发展和民主思想的活跃,促使希腊造出了运动场、运动场边宽大的林荫走道和路边树立哲学家头像的"哲学家小径"、圣林(神庙四周的树林)等公共园地。随着城市人口的密集,热爱自然的希腊人的庭园开始向屋顶花园发展,重视灌木修剪技术,把厅堂都用花卉植物装饰起来。渴望宁静的哲学家也开始在城外建造别墅,在那里他们可以广收门徒,传播自己的思想。希腊人爱好培植珍木异卉,试验驯化大量的外来植物。

(4)古罗马的造园

希腊被罗马统治以后,古罗马的达官贵族羡慕希腊人的生活,争相建造私人别墅。由于古罗马人不热爱体育比赛,所以古罗马的造园方式不同于希腊,出现了作为美术品陈列所的公共集会广场，那里限制奴隶和工匠进入。罗马进入帝国时代后，其经济实力雄厚，文化艺术繁荣，盛极一时。帝国第一皇帝奥古斯都(Augustus)进行了大规模的罗马城市规划。

意大利半岛气候温暖，雨量充足，树花繁茂，有丰富的花岗岩、石灰岩、大理石等石料，加上从各地掠夺的财物，为造园提供了有利条件。为享乐，当地达官显贵争相造园，造园活动极为兴盛。公元408年，北方异族侵入意大利时，罗马城区内有大小庭园的宅邸多达1780所。这种贵族的宅邸，常以房围之，设庭于其中，一般呈几何形状，利用雨水水道做喷水、流泉，以花坛、迷阵或盆栽植物及大理石制作的雕像装饰。建造在郊外的别墅，大多数选择在山麓、海岸自然风光优美之地，建以华丽建筑，植以奇树珍卉。这些别墅规模较大，林木浓郁，有规整的道路、场地、刈剪的树丛、精美的雕像、喷泉，都与建筑融为一体。

(5) 波斯的天堂园

西亚造园始自波斯，波斯是名花异卉培育最早的地方，后传播到世界各处。公元前5世纪波斯的“天堂园”，四面建墙，墙的作用是与外界隔绝，把天然与人为的界限划清。自8世纪波斯被伊斯兰教教徒征服后，波斯庭园建筑开始把平面布置成方形“田”字，用纵横轴线分作四区。十字林荫路交叉处设中心水池，象征天堂。在西亚高原冬冷夏热、大部分地区干燥少雨的情况下，水是庭院的生命，更是伊斯兰教造园的灵魂。

从公元6世纪起，西班牙就有希腊移民，此后这里又是罗马属地，故此地造园仿罗马中庭样式。公元8世纪被阿拉伯人征服后，又接受了伊斯兰造园传统，公元14世纪前后兴造的阿尔罕布拉宫(Alhambra)，经营百年，由大小6个庭院和7个厅堂组成，以1377年所造“狮庭”(Court of Lions)最为精美。庭中植有橘树，用十字形水渠象征天堂，中心喷泉的下面由12只石狮圈成一周，作为底座，因此以狮命名。各庭之间以洞门联系互通，隔以漏窗，可由一院窥见邻院。这种扩大空间的手法，在中国园林中常见。在阿尔罕布拉宫内，几乎感受不到伊斯兰宗教凛然不可犯的气氛。尽管布局整齐严谨，但静穆的氛围，倒与中国古典园林近似。另外，此园植物种类不多，仅有松柏、石榴、玉兰、月桂，杂以香花。建筑物色彩丰富，装饰以抹灰刻花做底，染红蓝金墨，间以砖石贴面，夹配瓷砖，嵌饰阿拉伯文字。

水池既是荡漾着清新凉爽气息的泉池，也是进行沐浴净身宗教活动的浴池，还是培育浇灌植物的贮水池。除水池之外，凉亭在庭园中也是不可缺少的元素。它与水池一样，兼有装饰与实用的功能，在炎炎烈日下，它是绝好的凉台，也是舒适的庭园生活的休憩场所。由于地处热带气候，自古以来当地人就有寻求凉爽的强烈愿望,尽管水池及凉亭等的使用部分实现了这一目的,但他们还希望在庭园中创造更多的绿树浓荫。因此,作为庭园植物的绿荫树也备受重视,他们不用花草造园,只在水池中种莲花,似乎还特别喜欢开花的树木。比这种古代庭园更正统的印度庭园,到 11 世纪左右才与其他古代印度文化一起繁荣起来。

阿拉伯人在 1000 年左右再次侵入这个国度。接着在印度国内出现了伊斯兰教徒的各个王朝,在整个印度疆域内移植了伊斯兰文化,在伊斯兰王朝之后的莫卧尔帝国时代,这两种文化完全融为一体了。在印度历代国王中,沙・贾汉时代的印度建筑最为发达,开始产生并完成了伊斯兰建筑样式。与沙・贾汉有关的庭园有很多,优美而平坦的泰姬陵(Taj Mahal)是世人瞩目的印度伊斯兰式建筑和庭园的力作,如图 1-2 所示。该园的特征是,主要建筑物均不位于庭园中心,而是偏于一侧。这种设计方法前所未有,即在通向巨大的圆拱形天井大门处,以方形池泉为中心,开辟了与水渠垂直相交的大庭园,迎面而立的大理石陵墓的动人的形体即倒映在一池碧水之中。就像完全对称的建筑那样,该庭园也以建筑物的轴线为中心,取左右均衡的极其单纯的布局方式,即用十字形水渠来造成四分园,在它的中心处没有建筑物,而是筑造了一个高于地面的白色大理石的美丽喷水池。在设计中,即便从入口的大门不能看见整座平台,却能将主体建筑尽收眼底。

图 1-2 泰姬陵

1.2.2 中世纪欧洲造园

从罗马帝国的崩溃,到十四五世纪资本主义制度萌芽之前,约 1000 年的时间为欧洲的封建时期,亦被称为中世纪。中世纪文化是以基督教文化为背景而发展起来的。在中世纪西欧的造园中,通常有两种庭园:

① 装饰性庭院——回廊式中庭,有两条垂直园路把庭院分为 4 个区,园路交点通常设有水盘和喷泉,用来忏悔和净化心灵。周围块草地,以花卉、果树装饰,作为修道士休息、社交的场所,如图 1-3 所示。

图 1-3　回廊式中庭

② 栽培果树、蔬菜或药草的实用性庭园。中世纪前期西欧的造园是以意大利为中心的修道院庭园,后期是以法国和英国为中心的城堡式庭园。

1.2.3　文艺复兴时期意大利造园

14 世纪开始的文艺复兴运动始于意大利佛罗伦萨,15 世纪后半期扩大到欧洲其他国家,16 世纪达到高潮。佛罗伦萨是当时意大利经济最发达的一个城市。由于手工业和海上运输业的发展推进了市场贸易的繁荣,新兴的资产阶级崛起,他们热爱艺术,经常举行艺术家沙龙,佛罗伦萨成为文人艺术家活动的中心。

新兴的资产阶级推崇古希腊人,提倡古典文化艺术,渴望古代先贤的完美人格,向往大自然多姿多彩的美。他们追求古罗马贵族豪华的生活和庄园别墅的营建。于是,富丽的庄园不断在佛罗伦萨周围和意大利北部的其他城市中建造起来。庄园别墅的设计者和建筑者,往往既是画家、雕塑家又是建筑家、园艺家。佛罗伦萨建筑师阿尔伯蒂(L. B. Alberti)在建筑庭园时把罗马过去的光荣和新罗马时代的成就糅合在一起。在他所写的《庭院设计理论》著作中曾讨论到别墅和庄园问题。

16 世纪文艺复兴以罗马为中心,代表人物有拉斐尔(Raffaello Sanzio)、布拉曼特(Donato Bramante),这一时期的代表作有波波利园(Giardino di Boboli)、玛丹别墅(Villa Madama)、兰台庄园等。

意大利由于地形和气候的特点,多把庄园筑在山坡上,并恰当地运用这一地形辟出台地，产生了在结构上称作台地园的形式。兰台庄园是16世纪中叶建造的许多庄园中比较完整地保存下来的名园之一。据史料记载，兰台庄园分为4层台地，最下层台地是以绿丛植坛为主的前庭；第二层台地主体是别墅建筑；第三层和第四层台地是以理水为主题的主园部分。

到了16世纪后期，建筑艺术发展到巴洛克式时期，这个时期的庄园内容和形式也起了新的变化，特别是在园林建筑上意大利台地园反映出巴洛克的特点：以小水池、圆亭、雕塑为点；以园路、阶梯、树篱、瀑布为线；以花坛、泉池、台地为面，结合布局。各种形式的平台、登道、阶梯、别墅建筑等，由明显的中轴线贯穿、联结，并依中轴线的两边对称布局。风景线的交点是局部的构图中心，其主体常是喷泉、水池、运河、雕刻品或壁龛等建筑小品。

这一时期，理水技巧达到了很高的水平，以水为主题的景色成为意大利庄园的一大特色。意大利台地园的成就最为突出，在欧洲占主导地位，其他各国均争相模仿效法，图1-4是西班牙巴塞罗那某街道的台地园。

图1-4 台地园

1.2.4 17和18世纪法国造园

闻名世界的法国最大宫苑是巴黎南郊的凡尔赛宫。17世纪的法国达到了极盛时代，与德国、英国并驾齐驱争夺世界霸权。路易十四称霸全欧，为了满足他的虚荣，彰显他的至尊和权威，建造了宏伟的凡尔赛宫。凡尔赛宫是法国最杰出的造园大师勒诺特设计和主持建造的。勒诺特（Andre Notre，1613—1700）生于巴黎，出身园艺师家庭，学过绘画、建筑，曾到意大利游学，深受文艺复兴影响。回国后从事造园设计，耗毕生所学于凡尔赛宫，还曾为法国贵族建造私人园林百余所。勒诺特的修养和杰作成就了他的地位，为其博得“王之园师”“园师之王”的美称。

勒诺特设计的园子具有统一的风格和共同的构图原则，他善于把园地与建筑结成一体，但又各具特色，富有想象力。勒诺特初期曾好用意大利台地园的形式，但根据法国的地形条件和生活风尚，将瀑布跌水改为水池水渠，高瞻远景变为前景的平眺。他一方面继承了法兰西民族园林形式的传统，另一方面批判地吸取了外来的园林艺术的优秀成就，结合法国自然条件创作了符合新内容要求的新形式，具有独特的风格，通常把这个时期法兰西的苑园形式尊称为勒诺特式。法国古典主义园林最主要的代表是勒·维贡特花园（Vaux-le Vicomte）和凡尔赛宫（见图1-5）。它们都是勒诺特设计的。

图1-5　凡尔赛宫

凡尔赛宫总体布局采取明显的中轴线，以广大空间来适应盛大集会和游乐，以壮丽华美来满足君主穷奢极欲的生活要求。宫殿放在城市和林莽之间，府邸的轴线，前面通过干道伸向城市，后面穿过花园伸进林莽。这条轴线就是整个构图的中枢，道路、府邸、花园、河渠都围绕它展开，形成统一的整体。在中轴线上是一条纵1560 m、横1013 m，宽120 m的十字形大运河，这条运河原来是低洼沼泽区，因此具有泄水、蓄水的功能。水面的反光和倒影又丰富了环境景色，使宫苑显得宏伟宽阔，对增加轴线的深远意境起了极为重要的作用。在主轴的左右两侧是称为“小园林”的12个丛林小区，每个小区都在密林深处，各有特殊的题材、别开生面的构思和鲜明的风格。宫苑的南北两个侧翼，各有一大片图案式花坛群，在南面的称南坛园，台下有柑橘园与树木园；在北面的称北坛园，有花坛群和大型绿丛植坛的布置和理水设计。

法国古典主义园林体现了“伟大风格”，追求宏大壮丽的气派。勒诺特继承了自己祖国造园的优秀传统，巧妙、大胆地组织植物题材构成风景线，并创造了各个风景线上不同的视景焦点，相互连贯成园景系统。这些不同的视景焦点，或喷泉，或水池，或雕像互相都可眺望。这样连续地四面八方展望，视景一个接着一个，好似扩展、延伸到无穷无尽。勒诺特继承法国丛林栽植的造园优秀传统，并根据法国地势平坦的特点，采用这种在丛林中辟出视景线的方法而组成了丰富的园林景象。

在理水方面，在法国平坦的原野上不能像意大利庄园那样设置众多宏大的喷泉群，并用活水来不断形成跌落和瀑布，而且这种理水方式建造费用和维持费用巨大。因此，勒诺特采用继承本民族传统并巧妙运用水池和河渠的方式，这种大片的静水使法国古典主义园林更加典雅。

勒诺特园林形式的产生，揭开了西方园林发展史上的新纪元，使勒诺特园林风格也像意大利文艺复兴时期的台地园一样，风行全欧洲。

1.2.5 18 和 19 世纪英国造园

16 世纪后期，大不列颠已成为世界列强之一。到了 17 世纪，贵族地主们随着财富的积累和对欧洲大陆国家的宫廷生活的熟悉，开始醉心于风行一时的意大利文艺复兴式和法兰西勒诺特式造园。

18 世纪英国田园文学的兴起和自然风景画派的出现导致英国自然风景园（见图 1-6）的形成。初期自然主义风景园林设计师不断摸索风景园的创作，企图把握自然风景的特性，尽当时所有的一切艺术技巧来表现自然的风致。另外，把直线条弃去不用，而代之以树丛和圆滑的弧线园路。

图 1-6　英国自然风景园

除创造湖池等需要对地形有较大的变动外,其他都随着本来的地形而设计,常用水和树加强地形和地貌等。18 世纪,英国风景园追求自然的景色,力求把园林处理得如同田野一般,把自然作为模型,这种自然风景园在英国风行一时,取代了古典主义的造园艺术,不仅对英国本土,而且对欧洲大陆各国都发生影响。

18 世纪中叶以后,中国造园艺术曾经一度影响到英国造园,在客观上促进了英国自然风景园风格的形成。

1.2.6　18 和 19 世纪俄罗斯造园

18 世纪和 19 世纪初俄罗斯的园林,由于受意大利、法国规则式园林的影响,许多宫廷花园的规划形式整齐庄严。这种规则式园林有明显的轴线、宽阔的绿化广场和林荫道。主体建筑前均有气魄雄伟的规则式露坛、喷泉群和水池、水渠或雕塑,由规则式向自然风景过渡。这种影响一直延续到十月革命以后的城市绿化。这种规则形式的园林群体是 18 世纪俄罗斯园林发展的特征。18 世纪后半叶,规则式风格有了显著的改变,在民间形成了一种富有民族风味的俄罗斯风情园,这种风情园尽量保持自然景观,以俄罗斯建筑加强其风景的艺术效果。这时的造园大师们逐渐地把规则式园林改造成自然风景式或在大自然的基础上重新创造了新的园林布局。

俄罗斯风景园中水景占有重要地位,其中湖泊、池沼、河流和溪水等运用得十分广泛。

1.2.7　19 世纪美国造园

美国早期的园林,也是由住宅附近的庭园开始的。美国第一个城市公园是 1858 年奥姆斯特德(Frederick Law Olmsted)和沃克斯二人合作修建的著名的美国纽约市中央公园。设计者受英国自然式乡趣园的影响,以能为在城市中生活的居民提供一个具有浓厚田园风味的游憩场所为目的。

纽约市中央公园规划为自然式布局,曲线道路,具有不规则的草坪、树丛、湖沼和山丘,但在自然式中也掺杂了整齐式,布置有一条大的林荫道及中央林荫广场,这里平坦、开旷,四周有足够的树荫,可供游人停留。园中种植了大量的乔灌木,如今树木成林,整个公园被这些树木装扮得十分优美。

纽约市中央公园采用回游式环路和波状小径相结合的园路系统。有 4 条园路与城市街道立体交叉相连,使游人在园内的散步、骑马、驾车等活动与城市交通互不干扰。纽约市中央公园的建设受到群众的赞赏,继而掀起了一场城市公园建设运动浪潮,席卷全美国。在此基础上,公园系统的思想开始萌芽,在波士顿市一大片不适宜建筑的沼泽地上,结合防洪排水和环境卫生工程,第一个公园系统建成了。

1872 年,美国国会通过了设立国家公园的法案,并建立了美国第一个国家公园——黄石国家公园(Yellowstone N. P.)。美国的国家公园体系包括国家公园、国家史迹公园、国家军事公园、国家纪念地、国家战场公园、国家河川风景地域、国家风景保护地等,在这个系统中,国家公园是最典型的自然公园。

1.2.8 日本造园

日本古代园林发展如表 1-3 所示,主要经历了 3 个阶段。

表 1-3 日本古代园林简表

阶段	时间	主要类型
早期园林	3—11 世纪	宫苑、水石庭
中期园林	2 世纪—室町时代	寺园、枯山水(天龙寺)
后期园林	桃山时代—江户时代	茶庭、书院式庭园

日本庭园深受中国文化的影响,尤其是唐宋山水园和禅宗思想由中国传入日本以后,在日本发展很快,并且结合当地的地理条件和风俗特点,形成了独特的风格。日本庭园以幽雅、古朴和清丽取胜,表现出日本民族所喜爱的纤巧、秀媚、以少胜多、小中见大的东方风情。同时,他们善于利用每一平方米的空间给人创造出一种赏心悦目而又充满诗情画意的境界。日本民族所特有的山水庭主题是在小块庭地上表现一幅自然风景的全景图。这是结合自然地形、地貌组织园林景观,并将外界的风景引入园林里来的构建方式,是自然风景模型的缩小,完全忠实于自然的,既是自然主义的写实,又富有诗意和哲学的意味,是象征主义的写意。

日本庭园在表现手法方面,如同书法那样分为真、行、草来表达。一般认为真(楷书)是端正的,草(草书)是豪放潇洒而风雅的,行(行书)则介乎前两者之间。

由此,出现了不同类型的园林类型:

① 筑山庭:又称山水庭或筑山泉水庭,主要有山和池,即利用地势差或以人工筑山引入水流,加工成逼真的山水风景。还有一种抽象的形式称作枯山庭。即在狭小的庭园内,将大山大水凝缩,用白砂表现海洋、瀑布或溪流,是内涵抽象美的表现。

② 平庭：即在平坦的地上筑园，再现某种原野的风致。主要可分为：芝庭，以草皮为主；苔庭，以青苔为主；水庭，以池泉为主；石庭，以砂为主；砂庭，不同于石庭，有时伴以苔、水、石作庭；林木庭，根据庭园的不同要求配置各种树木。

③ 茶庭：附随茶室的庭园，是表现茶道精神的场所。庭院四周用竹篱围起来，有庭门和小径通到茶室。以飞石、洗手钵为观赏的主要部分，设置石灯笼，以浓荫树作背景，主要表现自然的片断和茶道的精神。

日本庭园之美，在于它把大自然的美和人工的美巧妙地结合起来，体现了日本人特有的审美情趣，其庭园设计精美，用料精细，尤其受到宗教、文化、历史和风俗习惯影响。一座精美的日本庭园往往映射着日本文学、绘画、书道、花道、茶道的影子，成为精华荟萃的艺术作品。

1.3 西方现代园林简介

1.3.1 西方现代园林的产生

西方的传统园林多为上流阶层服务，是社会地位的象征。18 世纪中叶，由于中产阶级的兴起，英国部分皇家园林开始对公众开放。随即法国、德国等国家争相效仿，开始建造一些为城市自身和城市居民服务的开放型园林。

自 1850 年起，美国也出现了大量的城市公园（Public Park），如纽约市中央公园，其传播了城市公园的思想，影响深远。城市公园的产生是对城市卫生及城市发展问题的反映，是提高城市生活质量的重要举措之一。

城市公园通常用地规模较大、环境条件复杂，在设计时，应综合考虑其使用功能、大众行为、环境因素、技术手段等要素。它有别于传统园林的设计理论与方法，可以说，19 世纪欧美的城市公园运动拉开了西方现代园林发展的序幕。城市公园运动尽管使园林在内容上与以往的传统园林有所不同，但在形式上并没有创造出一种新的风格。真正使西方现代园林形成一种有别于传统园林风格的是 20 世纪初西方的工艺美术运动和新艺术运动，以及由此引发的现代主义浪潮，正是由于一大批富有进取心的艺术家们掀起的一个又一个运动，才创造出具有时代精神的新的艺术形式，带动了园林风格的变化。

19 世纪中期，在英国以拉斯金（John Ruskin，1819—1900）和莫里斯（Willam Morris，1834—1896）为首的一批社会活动家和艺术家发起了“工艺美术运动”（Arts and Crafts Movement），工艺美术运动是由于厌恶矫饰的风格、恐惧工业化的大生产而产生的。在设计上反对华而不实的维多利亚风格,提倡简单、朴实、具有良好功能的设计,在装饰上推崇自然主义和东方艺术。

在工艺美术运动的影响下,欧洲大陆又掀起了一次规模更大、影响更加广泛的艺术运动——新艺术运动(An Nouveau)。它是19世纪末20世纪初在欧洲发生的一次大众化的艺术实践活动,其反对传统的模式,在设计中强调装饰效果,希望通过装饰的手段创造出一种新的设计风格,主要表现为追求自然曲线形和追求直线几何形两种形式。新艺术运动中的园林以庭园为主,对后来的园林建设产生了广泛的影响,它是现代主义之前的有益探索和准备,预示着现代主义时代的到来。

现代主义受到现代艺术的影响甚深。现代艺术的开端是马蒂斯(Henri Matisse,1869—1954)开创的野兽派(The Wild Beasts),它追求更加主观和强烈的艺术表现,对西方现代艺术的发展产生了重要的影响。20世纪初,受到当时几种不同的现代艺术思想的启示,设计界形成了新的设计美学观。它提倡线条的简洁、几何形体的变化与明亮的色彩。现代主义对园林的贡献是巨大的,它使得现代园林真正走出了传统的天地,形成了自由的平面与空间布局、简洁明快的风格、丰富的设计手法。

1.3.2 西方现代园林的代表人物及其理论

西方现代园林设计从20世纪早期萌发到当代的成熟,逐渐形成了融功能、空间组织及形式创新为一体的现代设计风格。20世纪二三十年代美国"加州花园(California Garden)"的形成体现了现代主义倾向的反传统,其强调空间和功能的理性设计。

20世纪三四十年代"斯德哥尔摩学派"的出现是建立在社会政治环境的基础上的,体现的是一种社会思想。20世纪五六十年代,景观规划设计行业迅速发展,设计领域不断扩展。

20世纪70年代,在经历了现代主义初期对环境和历史的忽略之后,环境保护和历史保护成为普遍的意识。现代园林设计一方面追求良好的使用功能,另一方面注重设计手法的丰富性、平面布置与空间的组织。特别是在形式创造方面,当代各种主义与思潮纷纷涌现,现代园林设计呈现出自由性与多元化特征。下列几位是西方现代园林设计的代表人物。

(1)唐纳德(Christopher Tunnard,1910—1979)

唐纳德是英国著名的景观设计师。他于1938年完成的《现代景观中的园林》(Gardens in the Modern Landscape)一书,探讨了在现代环境下设计园林的方法,从理论上填补了这一历史空白。在书中他提出现代园林设计的 3 个方面,即功能的、移情的和艺术的。唐纳德的功能主义思想是从建筑师卢斯和柯布西耶的著作中吸取了精髓,认为功能是现代主义景观最基本的考虑。移情方面的思想来源于唐纳德对于日本园林的理解。他提议尝试日本园林中石组布置的均衡构图的手段,以及从没有情感的事物中感受园林精神所在的设计手法。在艺术方面,他提倡在园林设计中,处理形态、平面、色彩、材料等方面运用现代艺术的手段。1935 年,唐纳德为建筑师谢梅耶夫设计了名为“本特利树林”(Bentley Wood)的住宅花园,完美地体现了他提出的设计理论。

(2) 托马斯. 丘奇(Thomas Church, 1902—1998)

托马斯·丘奇是 20 世纪美国现代景观设计的奠基人之一,是 20 世纪少数几个能从古典主义和新古典主义的设计完全转向现代园林的形式和空间的设计师之一。20 世纪 40 年代,在美国西海岸,私人花园盛行,这种户外生活的新方式被称为“加州花园”(California Garden)。“加州花园”是一个艺术的、功能的和社会的构成,具有本土的、时代性和人性化的特征。它使美国花园的发展从对欧洲风格的复兴和抄袭转变为对美国社会、文化和地理的多样性的开拓,这种风格的开创者就是托马斯·丘奇。丘奇的“加州花园”的设计风格平息了规则式和自然式的斗争,创造了与功能相适应的形式,使建筑和自然环境之间有了一种新的衔接方式。

(3) 劳伦斯·哈普林(Lawrence Halprin,1916—2009)

劳伦斯·哈普林是新一代优秀的景观规划设计师,是第二次世界大战后美国景观规划设计方面最重要的理论家之一。他视野广阔、视角独特、感觉敏锐,并从音乐、舞蹈、建筑学及心理学、人类学等学科吸取了大量知识。这也是他具有创造性、前瞻性,创建出与众不同的理论系统的原因。哈普林最重要的作品是 1960 年为波特兰市设计的一组广场和绿地。由爱悦广场(Lovejoy Plaza)、柏蒂格罗夫公园(Pettigrove Park)、演讲堂前庭广场(Auditorium Fore. court 现称为 Ira C. keller Fountain)组成的 3 个广场,以一系列改建成的人行林荫道连接。这个设计充分展现了他对自然的独特理解,他依据对自然的体验来进行设计,将人工化了的自然要素插入环境。

(4) 罗伯特·布雷·马克斯(Roberto Burle Marx, 1909—1994)

罗伯特·布雷·马克斯是 20 世纪最杰出的造园家之一。罗伯特·布雷·马克斯将景观视为艺术,将现代艺术在景观中的运用发挥得淋漓尽致,他在巴西的建筑、规划、景观规划设计领域展开了一系列开拓性的探索。他创造了适合巴西气候特点和植物材料的造园风格。他的形式语言大多来自于米罗和阿普的超现实主义,同时也受到立体主义的影响。他的设计语言如“曲线花床”“马赛克地面”被广为传播,在全世界都具有重要的影响。

1.4 现代园林设计的多样发展

20 世纪 20 年代至 60 年代,西方现代园林设计经历了从产生、发展到壮大的过程。70 年代以后,园林设计受各种社会的、文化的、艺术的和科学的思想影响,呈现出多样化的发展。

1.4.1 生态主义与现代园林

1969 年,美国宾夕法尼亚大学的园林教授麦克哈格(Lan McHarg, 1920—2001)出版了《设计结合自然》(Design with Nature)一书,提出综合性生态规划思想,在设计和规划行业产生了巨大的反响。20 世纪 70 年代以后,受生态思想和环境保护主义思想的影响,更多的园林设计师在设计中遵循生态原则,使之成为当代园林设计中一个普遍的原则。

1.4.2 大地艺术与现代园林

20 世纪 60 年代,艺术界出现了新的思想,一部分富有探索精神的园林设计师不满足于现状,他们在园林设计中进行了大胆的艺术尝试与创新,开拓了大地艺术(Land Art)这一新的艺术领域。这些艺术家摒弃传统观念,在旷野、荒漠中用自然材料作为艺术表现的手段,在形式上用简洁的几何形体,创作出巨大的超人尺度的艺术作品。大地艺术的思想对园林设计有着深远的影响,众多园林设计师借鉴大地艺术的手法,巧妙地利用各种材料与自然变化融合在一起,创造出丰富的景观空间,使得园林设计的思想和手段更加丰富。

1.4.3 “后现代主义”与现代园林

进入 20 世纪 80 年代以来,人们对现代主义逐渐感到厌倦,于是“后现代主义(Post-modernism)”思潮应运而生。与现代主义相比,后现代主义是现代主义的继承与超越,后现代的设计是多元化的设计。历史主义、复古主义、折中主义、文脉主义、隐喻与象征、讽刺、诙谐都成了园林设计师可以接受的思想。1992 年建成的巴黎雪铁龙公园(Parc Andre-Citroen)即带有明显的后现代主义的特征。

1.4.4 “解构主义”与现代园林

“解构主义”(Deconstruction)最早是由法国哲学家德里达提出的,在20世纪80年代,成为西方建筑界的热门话题。“解构主义”可以说是一种设计中的哲学思想,它采用歪曲、错位、变形的手法,反对设计中的统一与和谐,反对形式、功能、结构、经济彼此之间的有机联系,产生一种特殊的不安感。解构主义的风格并没有形成主流,被列为解构主义的景观作品也极少,但它丰富了景观设计的表现力。巴黎为纪念法国大革命200周年而建设的九大工程之一的拉·维莱特公园(Parc de la Villette)是解构主义景观设计的典型实例。它是由建筑师屈米(Bernard Tschumi)设计的。

1.4.5 “极简主义”与现代园林

极简主义(Minimalism)产生于20世纪60年代,它追求抽象、简化、几何秩序,以极为单一简洁的几何形体或数个单一形体的连续重复构成作品。极简主义对于当代建筑和园林景观设计都产生了相当大的影响。不少设计师在园林设计中,形式上追求极度简化,力求用较少的形状、物体和材料控制大尺度的空间,或是运用单纯的几何形体构成景观要素和单元,形成简洁有序的现代景观。具有明显的极简主义特征的典型是美国景观设计师彼得·沃克(Peter Walker)的作品。

西方现代园林从产生、发展到壮大的整个过程都与社会、艺术和建筑紧密相连。和谐完美是园林设计师追求的共同目标,虽各种风格和流派层出不穷,但是发展的主流始终没有改变,现代园林设计不断被丰富。

1.4.6 新型园林空间

随着时代的发展,园林类型呈现出多样化。除了动物园、植物园、纪念性公园以外,出现了大型主题公园、综合性园林博览园、观光农业旅游区、景观大道等,将园林的空间再次延伸,满足了人们不同的需求。

1.5 园林艺术

园林艺术是通过园林的物质实体反映生活美,表现园林设计师审美意识的空间造型艺术。它与建筑、书画、诗文、音乐等其他艺术门类相结合,成为一门综合艺术。

园林艺术是一定的社会意识形态和审美理想在园林形式上的反映。它运用总体布局、空间组合、体形、比例、色彩、节奏、质感等园林语言,构成特定的艺术形象,形成一个更为集中的审美整体,表达时代精神和社会物质文化风貌。

1.5.1　园林艺术的定位

按照不同的分类标准,可以将艺术分为不同的类别形式:

① 以存在方式为依据:可分为时间艺术、空间艺术、时空艺术。

② 以审美方式为依据:可分为听觉艺术、视觉艺术、视听艺术。

③ 以内容特征为依据:可分为表现艺术、再现艺术。

④ 以物化形式为依据:可分为动态艺术、静态艺术。

⑤ 以美学原则为依据:可分为实用艺术、造型艺术、表情艺术、综合艺术。

1.5.2　园林艺术的构成要素

根据园林的定义,可以将园林艺术的构成要素可以分解为 4 种:园林环境(生境)、空间构成(画境)、风格基调、人文内涵(意境)。

(1) 园林环境

园林环境是指由建筑、山石、水体、植物等人为重组的自然环境,是园林艺术形态的基础。园林环境是生活环境和审美环境的有机结合。园林环境与自然环境的关系,是"图—底"关系,园林环境是"图",自然环境就是"底"。它们的关系应该既是清晰可辨的,又是和谐统一的。

(2) 空间构成

园林空间具有双重性质,既是由自然事物构成的物理空间(实),又是一种艺术空间,即"虚幻空间"。园林空间是实用空间、结构空间和审美空间的有机统一体。园林空间构成的样式多种多样,有几何式、自由式、封闭式、敞开式等,反映了不同的文化特质。西方和伊斯兰园林多为敞开的规则的几何式,中国园林和日本园林多为封闭的自由式。

中国画中,"竖划三寸"便可看作是"千仞之高","横墨数尺"就可视作"万里之遥"。而中国园林空间讲究"小中见大",如"咫尺之内,而瞻万里之遥,方寸之中,乃辨千寻之峻"。

(3) 风格基调

风格基调是受文化、自然环境等因素影响所表现出来的艺术特征。如中国的皇家园林气魄宏大、富丽堂皇,私家园林则小巧玲珑、景简意浓;法国古典主义园林气势恢宏、庄重典雅;英国风景园林则自然、亲切等。

(4) 人文内涵

人文内涵是园林艺术所表现的人类的理性主题和审美理想,是园林艺术更深的本质所在。“一个时代一个民族的造园艺术,集中反映了当时在文化上占支配地位的人们的理想、情感和憧憬。”如浪漫主义对英国园林,禅宗对日本园林,人文主义、理性主义对法国园林的影响等。

中国园林的最高追求是对园林意境的追求,通过园林艺术形式,使人感受到自然的无限,引发对人生的沉思。如上海豫园有“鱼乐榭”,无锡寄畅园有“知鱼槛”、北京颐和园有“知鱼桥”,都是借观赏鱼乐之景,表达造园者的理想与情趣。

知识链接

鱼乐,典故名,出《庄子集释》卷六下(外篇·秋水)。庄子与惠子游于濠梁之上,见儵鱼出游从容,因辩论鱼知乐否,后遂以“鱼乐”谓鱼游水中,悠然自得,亦以此喻纵情山水,逍遥游乐。

1.5.3 园林艺术的审美经验

(1) 中国古典园林的审美经验

① 感受典型纯粹的自然美;

② 欣赏园林建筑、雕塑的形式美;

③ 品味诗情画意的艺术美;

④ 感悟人与自然的关系,品味园林的意境之美。

(2) 西方古典园林的审美经验

① 传达的是明晰的理性之美;

② 园林内部秩序与外界自然的野性形成鲜明的对比;

③ 英国自然风景式园林给人的审美经验是田园风景式的自然美感;

④ 由于西方文化的多元性,西方人的科学和艺术探索精神,以及西方的个人主义倾向,使西方园林同西方其他艺术一样,呈现出艺术风格的不断创新,尤其是近现代西方园林艺术。

1.5.4 园林艺术的特征

(1) 园林艺术是融合多种艺术于一体的综合性艺术

园林是文化、经济、社会制度、宗教思想、美学理论、文学、艺术的综合产物。

园林艺术的综合性包含两层含义：一是园林学科的综合性，园林是自然科学、社会科学和艺术的综合；二是艺术的综合性，园林艺术综合了建筑、绘画、雕塑、文学、音乐、书法、装饰、戏曲等艺术。

（2）观赏性与实用性的统一

观赏性与实用性的统一即艺术与功能的结合。

园林首先是一个人为的自然环境，人活动其间，满足人的物质需求是其实用性内涵；观赏性是其“非功利性”的审美内涵。实用功能与审美功能有机结合使园林艺术成为一门独特的艺术，寻求实用与审美间的平衡（和谐、统一）成为其成功的关键。审美与功能的辩证统一，是园林创作的基本原则。

（3）园林艺术是有生命的艺术

园林艺术创作的主要素材是有生命的植物，所以园林艺术是有生命的艺术。

（4）技术、经济与艺术的统一

科学技术水平与园林艺术审美观有着直接的关系。从古典园林到现代园林都从技术上表现出人们的智慧和力量，使人领略到技术之美。随着科学技术的发展，越来越多的新技术和新材料在现代园林艺术中得到应用。技术的创新与艺术的探索是园林艺术进步的两大动力，也是创造时代风格的基础。

1.5.5 园林艺术的风格

（1）艺术风格

园林风格由园林建筑风格、植物景观风格、空间构图风格及园路、水体风格等共同构成。

自然地形地貌、气候特征、生态特征等直接影响园林的艺术风格。不同自然环境中产生的园林，其风格迥异；不同民族、不同时期及不同的造园家形成不同的园林艺术风格；而不同的园林风格，反映了不同的文化观念和审美趣味。

（2）中西方古典园林艺术风格比较

1）差异

以法国古典主义园林和中国古典园林为代表。

① 西方：着眼于几何美或人工美。其主要特点为几何图案、轴线、对称与整齐，采用“强迫自然接受匀称的法则”。

② 中国：着眼于自然美。其主要特点为自然、变化与曲折，力求达到“虽由人作，宛自天开”的效果。

2)原因分析

① 发源地不同:中国苑囿源于自然山林;西方源于规整的果园菜地。

② 意识形态不同:中国哲学崇尚自然写意;西方哲学强调理性和规则。

③ 生活环境不同:中国属于中央集权,城市规模较大,规划整齐统一;而欧洲在中世纪国土分裂,城市规模较小,依地形布置。

1.5.6 园林艺术与其他艺术的比较

(1) 共同点

通过典型的形象反映现实,表达作者的思想感情和审美情趣,并以其独特的艺术魅力影响人们的情绪,陶冶情操,提高文化素养。

(2) 不同点

园林不单纯是一种艺术形象,还是一种物质环境,园林艺术是对环境加以艺术处理的理论和技巧,因而园林艺术具有其自身的特点。

1.5.7 园林艺术与其他艺术的关系

(1) 与文学的关系

中国园林中,文学性的建构成分主要表现为题名、匾额、对联等。如避暑山庄康熙的四字题名:"烟波致爽""芝径云堤""万壑松风"等;拙政园雪香云蔚亭的匾额"山花野鸟之间"及对联"蝉噪林愈静,鸟鸣山更幽"等。

(2) 与绘画的关系

中国绘画与中国园林的关系十分密切,两者不仅在理论上有许多共同点,而且中国绘画也是中国园林美的精神性建构序列之一,如顾恺之《庐山图》。我国古代的许多园林均是由画家设计建造的,如唐代的王维、元代的倪云林、明代的文徵明等不仅擅长绘画,还兼及造园。这是由于一方面中国绘画深入集中地反映了自然山水与植物花鸟之美,为中国自然山水画写意式园林的发展奠定了基础;另一方面中国绘画与书法相匹配,强化了室内空间的文人气息,营造了一种特定的精神氛围。

(3) 与书法的关系

中国书法是一门古老的汉字的书写艺术,是一种独特的视觉艺术。在园林中,书法不仅吸引了游赏者的视觉器官,更高明的是,书法对园林意境给予了一定的规定和引导,调动了游赏者的思维想象器官去体验、把握园林美。

(4) 与戏曲的关系

戏曲中常常有"三五步,行通天下;六七人,雄伟万师"的景象,而造园则是

“一峰则太华千寻,一勺则江湖万里”。从实用功能方面比较,戏曲是供人休闲娱乐的,园林同样如此。园主们既然要在园内尽情游乐,则必然要欣赏戏曲,以求两全其美,如颐和园的德和园。中国的戏曲中很多地方都提及园林,如《西厢记》《牡丹亭》等。不到园林,怎知春色如许?

1.6 园林艺术与其他门类艺术的关系

园林与绘画、音乐、戏剧等其他纯艺术不同,园林以自然美为特点,是自然美、艺术美和生活美的高度统一。园林如果按传统归类属建筑中的一个分支,但其在许多方面与建筑又有差别,在某个层面与绘画、雕塑更接近。

1.6.1 美的概念

不同的学者对于美的诠释略有不同。

古希腊的毕达哥拉斯认为:“和谐就是美。”

德国的黑格尔认为:“客观存在与概念协调一致才形成美的本质。”

辩证唯物论认为:“美是客观存在的社会现象,是人类通过劳动实践,把具有真和善的品质的本质力量,在对象中实现出来的,从而使对象成为一种能够引起爱慕和喜悦的感情的观赏对象,就是美。”

1.6.2 园林美

园林美分为3种,即自然美、生活美和艺术美。

生活美和自然美是一切艺术的源泉,而艺术美是概括和反映它们的。生活中的美,不一定是艺术上的美,艺术美也不单反映生活美与自然美,经过加工提炼,艺术美可以把不美的事物变成美的。

(1) 自然美

凡不加人工雕琢的自然事物(如泰山日出、黄山云海、黄果树瀑布、云南石林等),能以声音、色泽和形态令人身心愉悦,产生美感,并寄情于景的,都是自然美。自然美源于自然,是客观存在的,其反映了人们的审美意识,只有和人发生了关系的自然,才能成为审美对象。自然界的事物并不是一切皆美的,只有符合美的客观规律的自然事物才是美的。自然美包含规则和不规则两种自然形式,它们互相结合,和谐呈现,便成为完美的整体;此外,气象景观和植物的季相变化,也是构成园林自然美的重要因素。

（2）生活美

园林作为一个现实环境，必须保证游人在游览时，感到生活上的方便和舒适，即具备以下几点：

① 保证环境卫生、空气清新、水体洁净并消除一切臭气；

② 有适宜人生活的小气候；

③ 避免噪音；

④ 植物种类丰富，生长健壮繁茂；

⑤ 交通方便，生活设施完善，有适合园林的文化娱乐活动和美丽安静的休息环境；

⑥ 有可挡烈日、避风雨集休息、就餐与观赏功能为一体的建筑物。

（3）艺术美

人们在欣赏和研究自然美、创造生活美的同时，孕育了艺术美。艺术美是自然美和生活美的升华，因为自然美和生活美是创造艺术美的源泉；另外，自然事物并不都是美的，只有当它的某些属性与人的主观意识相吻合时，才被人所赏识。因而要把自然界的自然事物作为优美风景供人们欣赏，需经过艺术家的审视、选择、提炼和加工。

园林既是满足人们文化生活、物质生活的现实物质的生活环境，又是反映社会意识形态与满足人们精神生活和审美要求的艺术对象。由此可见，园林美应该是生活美、自然美与艺术美的高度统一。

1.6.3 审美思想

（1）中国园林的审美思想

① 崇尚纯粹的自然；

② 追求人性化的自然之美；

③ “隐逸”思想的人文精神将文人园林推向艺术高峰。

（2）西方园林的审美思想

① 追求“普遍性与特殊性的统一”；

② 追求“第三自然”——自然与艺术的完美结合；

③ 崇尚自然。

1.7 园林景观设计总原则

园林景观设计的总原则是必须遵循的基本方向,唯有此,作品才能得到业内人士与百姓的认可。

(1)适用性原则

适用性原则即功能性的体现,回到"以人为本"的出发点。每一件作品、每一个空间最终的使用者是人,设计时必须考虑自己的设计是否能满足人的使用需求。

(2)经济性原则

经济性原则即设计作品应实用、节约及满足适地适景的要求。这一原则与这几年提倡的"节约型园林"是一致的。但在现实生活中,由于设计者的错误造成不经济的园林景观比比皆是。如图1-7中种植的铁树到冬季为何如此包装?图1-8中,不到1平方米的面积种植了8株紫薇。如此拥挤,试问植物生长会适宜吗?

图1-7 包裹的铁树

图1-8 拥挤的紫薇

(3)美观性原则

美观性原则主要考虑园林的美学与艺术特性。古人云:以框设景,或以景取框。如图1-9中的景观墙矗立在小区,实在难懂设计者的用意,而图1-10的设计作品何有美观可言。

图 1-9　生硬的框景

图 1-10　突兀的景石

（4）生态性原则

生态园林是当代风景园林建设的发展趋势，它以保持生态平衡、美化环境、减少生态环境灾害为主导思想，主体是自然生物群落或模拟自然生物群落。

总之，城市园林是以人工生态系统为主体的景观，如城市综合公园、动物园、植物园、小游园、街头绿地等。一个完美的、生态稳定的园林景观应该是结构和功能、形式和内容高度统一、和谐的、美好的景观系统。

2 园林立意、相地与布局

2.1 园林立意

古人云:造园之始,意在笔先。意泛指意境。“境”最早见于《庄子·齐物论》:“振于无意,故寓诸无境。”也有人认为,“境”指的是一种“自由之境”“无限之境”。

最早正式提出“意境”一词的是唐代诗人王昌龄。他在《诗格》中提到,诗有三境,一曰“物境”,指山水美;二曰“情境”,指亲身经历的情感体验;三曰“意境”,指心理活动,这可以说是“意境”的诞生。

试一试

从下段文字的描述中领略古人的意境营造:

构建一池三岛,向往海岛仙山。
模仿名山胜景,诗化自然风光。
借鉴文化典故,引用神话传说。
强调比德思想,突出人化景物。
运用优秀诗文,追求诗情画意。

后来,孙筱祥先生把中国文人山水园的创作分为生境、画境和意境三种境界,并说“园林艺术的最高境界称为意境”。

朱有阶大师又说:“意境是中国千余年来园林设计的名师巨匠所追求的核心,也是使中国园林具有世界影响力的内在魅力。”

综上所述,园林意境就是造园家所创造的园林景观(实境)与欣赏者在特定的环境下所触发的联想与想象(虚境)的总和。

2.1.1 园林意境的表达方式

园林意境的表达方式可分为两类,即直接表达方式和间接表达方式。

(1) 直接表达方式

1) 形象的表达

园林是一种时空统一的造型艺术,以具体形象表达思想感情。形象的表达即利用具体形象表达思想感情,园林中雕塑的处理是最典型的例证,如北京景山公园孙中山塑像(见图 2-1)。

2）典型性的表达

鲁迅曾说:“文学作品的典型形象的创造,大致是杂取种种人,合成‘一个’。这一个与生活中的任何一个实有的人都‘不似’。这不似生活中的某一个人,但‘似’某一类人中的每一个人,才是艺术要求的典型形象。”

园林中,典型性表达是对自然界中自然美的高度概括,是园林意境源于生活、高于生活的再创造。中国园林中的假山,并不是某一地区真山水的再现,而是通过高度概括和提炼而来的自然山水。园林中的假山虽然尺度有限,但却令人有置身于真山水之感,如果方法得当,可以使观赏者体会到“一峰山则太华千寻,一勺水则江湖万里”的意境,如图 2-2 所示。

图 2-1　孙中山塑像

图 2-2　留园的冠云峰

3）游离性的表达

游离性的表达主要用于对于空间的处理及时空的连续建构方面。

游离性的园林空间建构是时空的连续建构。设计者巧妙地为游赏者安排几条最佳游览线,为空间序列戏剧化和节奏性的展开指引方向。整个园林空间结构此起彼伏、藏露隐现、开合收放、虚实相辅,使人似乎处在一个异常丰富、深广莫测的空间之内,如图 2-3 所示(参见彩图)。

4）模糊性的表达

模糊性即不定性。在园林中,我们常常看到介于室内和室外之间的亭、廊与轩。在自然花木与人工建筑之间,有叠石假山,石虽天然生成,山却需人工堆叠,在似与非似之间,我们看到有不系舟,既似楼台水榭,又像画舫游船。在矛盾对立与共处之中,形成令人振奋的情趣,意味深长。模糊性的表达发人深思,往往可使一块小天地、一个局部处理变得耐人寻味。

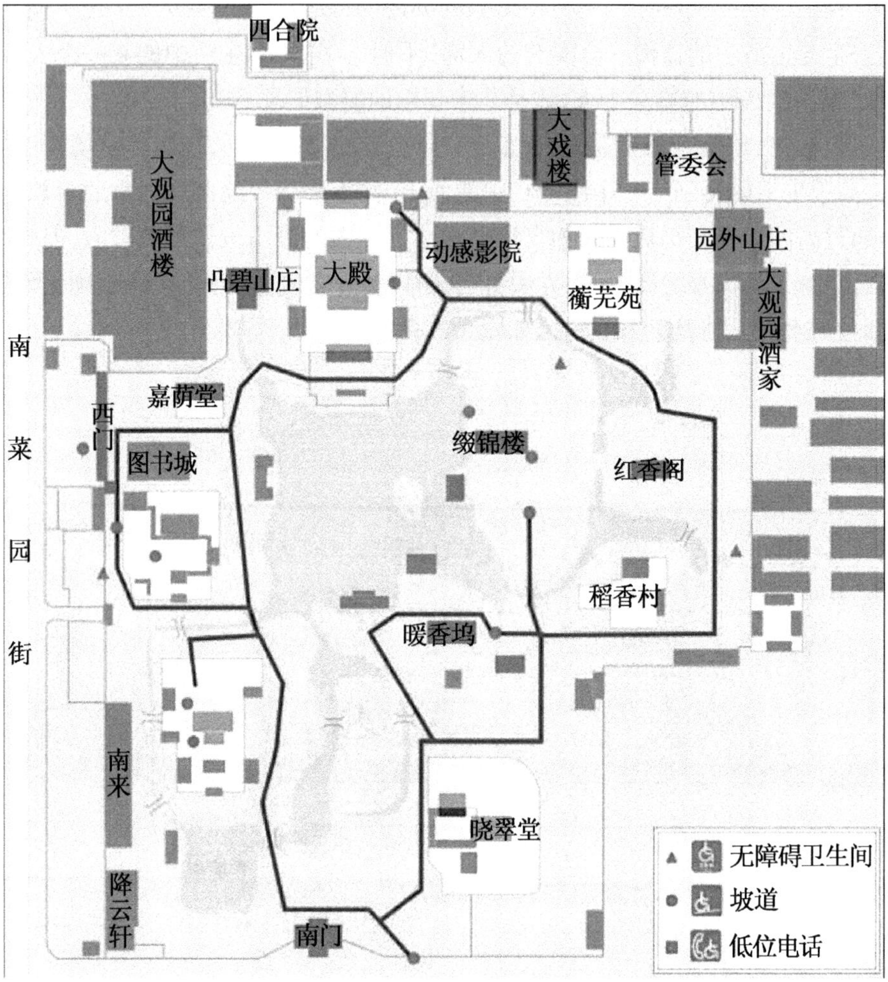

图 2-3　游离性表达方式

模糊性即利用事物的不定性来扩展园林意境。在园林中处理人工溪流时，往往要将源头和去路隐藏起来，取得似有源似无尽的效果，意味深长。小品的设计也可采用此法。如图 2-4 所示(参见彩图)，郁金香花丛中的白色小品，是花瓣？是种子？或是水滴？似乎有多种意味。

图 2-4　模糊性的表达

案例分析

地点：杭州西湖

案例简述：

杭州西湖经过折桥距三潭印月石碑不远处有一不起眼的四方小亭，游人很少直接为它留步，大多经导游提示才注意到亭子横梁上的横匾有用楷、草、魏三种字体书写的“亭”字（见图 2-5）。乍一看使人摸不着头脑，听了解释才知道，原来第一个“亭”字作动词用，意为停下来休息；第二个“亭”字作形容词用，即“亭亭玉立”；第三个“亭”才是名词，作为亭子解释，三个“亭”字连在一起作“经过的人都要停下来欣赏这亭亭玉立的亭”解释。经导游讲解，大家才恍然大悟。走过大半个湖面，游人都会隔着湖水眺望这座亭亭玉立的小亭。朴素自然的小亭经这三个字的升华具有了浓厚的文化底蕴，一下子有了灵气。

图 2-5　亭亭亭

(2) 间接表达方式

间接表达方式主要通过光、影、色彩、声音、香气与气象因子等方式表达。

1) 光

① 日光。太阳是生命之源,光明的象征。一日之中,太阳的升沉起落都给人丰富的联想。日光这些美,人们在园林中随时可以观赏到,皇家园林则多用日光之词来比喻皇恩浩荡。如北京圆明园曾有的“心日斋”“朝日辉”“云日瞻依”等。

② 月光。月光妩媚清丽,是阴柔之美的典型。月光给人一种朦胧美感,而且月亮在中国具有很深的文化底蕴,苏州网师园的“月到风来亭”,便是以赏月为主题的景点。当月挂苍穹,天上之月与水中之月映入亭内设置的镜中时,三月共辉,赏心悦目。其他如“三潭印月”、苏州网师园的“待月亭”等都属于此种。

2) 影

影讲究虚实结合、意与境结合。

诸影中最富诗情画意的首推粉壁影和水中倒影,有名句“粉壁影,墙前花木摇曳,墙上落影斑驳”。作为分割空间的粉墙,本身无景的墙便现出妙境。还有水中倒影,具有空灵之美。此外,明代著名造园家计成《园冶》中所言“梧荫匝地”“槐荫当庭”“窗虚蕉影玲珑”等都是对植物阴影的欣赏。

3) 色彩

可利用建筑色彩来点染环境,突出主题,如希腊爱琴海的白色建筑群(见图 2-6,参见彩图);同时,可利用植物色彩之美渲染空间气氛,烘托主题,如图 2-7 所示(参见彩图)的荷兰库肯公园,植物色彩展示的效果极美。而在长沙岳麓山爱晚亭的周围遍植枫树,形成大家熟知的“停车坐爱枫林晚,霜叶红于二月花”的艺术境界。

图 2-6　希腊爱琴海

图 2-7 植物色彩的应用

4）声音

以园林环境中不同的声响传达意境。“竹径无人风自响”（唐・王维）道出竹径之幽深;“松子声声打石床”（唐・李商隐）则勾勒出秋冬松林之景;“南屏晚钟”表现出日落西山时山色之空明。此外,声境中,如激流飞瀑、惊涛拍岸等喧闹之声为动境,而滴泉、涓涓细流、雨打蕉叶等轻声平者则多以动衬静境。以声营造意境的案例还有杭州西湖的“南屏晚钟”和“柳浪闻莺”、苏州留园的“留听阁”、拙政园的“听雨轩”、无锡寄畅园的“八音涧”等。

5）香气

以植物体所散发的芳香为主要表现手段而营造出某种意境,如苏州拙政园有“远香堂”。现代园林则以此为借鉴而建有不同类型的香花园。

知识链接

“远香堂”源自北宋周敦颐《爱莲说》中“香远溢清”句意。“雪香云蔚”则以赏梅花盛开如堆雪积云的美景,闻幽香袭人为主题。

香浓烈者为动境,如所谓的花香袭人;香淡雅者为静境,如“疏影横斜水清浅,暗香浮动月黄昏”,非静境难以赏析。

总之,园林意境是通过设计者构思创作表现出园林景观上的形象化、典型化的自然环境及其显露出来的思想意蕴的。

案例分析

北京奥林匹克森林公园“中国龙”

地点：北京奥林匹克森林公园

案例介绍：绿色、科技、人文之奥运。由美国易道公司、中国建筑设计研究院联合设计的奥林匹克森林公园及中心区景观规划设计，其整体的设计理念体现在一个由小道、地景以及绿化带组成的复杂网络中。设计中加入了中国五行元素即金、木、水、火、土的概念。木代表森林公园，象征生长和未来，绿色代表澳洲；金表示文化广场，预示成功，金色代表亚洲；水代表新闻广场，体现运动，蓝色代表欧洲；火代表体育广场，涌动活力与热情，红色代表美洲；土代表奥林匹克广场，讲述古城历史，黑色代表非洲（见图 2-8）。

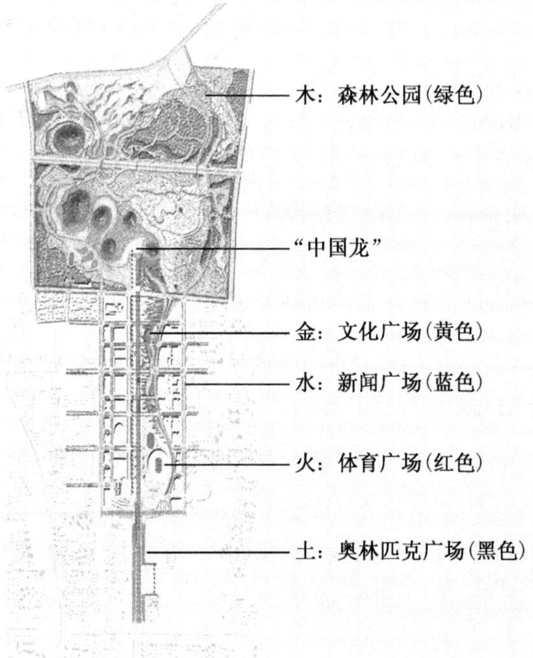

图 2-8　北京奥林匹克森林公园“中国龙”设计

2.2 园林相地

古代中国造园的步骤简述如下：

第一步不是画平面图，而是实地踏勘，称为“相地”。相地不完全等同于简单地看场地。看场地一般只是把图纸和实物对上号，而相地要求把地形高低、一草一木都看得清清楚楚，而且还要有亲身感受，包括相风水等。可见，相地是一个全方位的、从心到身的体悟过程。

第二步是在现实空间中充分投入自己的情感与想象，构思何处高、何处低、何处设屏、何处置廊、何处借景、何处题词、何处品茗、何处抚琴、宜亭则亭、宜堂则堂，称为“立基”。

第三步是在现场不断来回走动，观察思考如何步移景换、互为因借，如何起承转合、互为虚实，使厅堂、廊榭、亭轩、铺地、掇山、栽花、种树、光、声、色与影等融为一体。

最后，思量到最后才回到室内画平面图，称为“地图”。

所以，计成说，“式地图者鲜矣”。

总体来看，古人始终(包括建成后的不断调整)是在时间的流动过程中完成整个造园的，是以设计者的亲身体验去筹谋、策划整个园林的。设计者构想的情与景必须通过自己的身体去不断的体察、体量、体味与体悟……

这种设计方式始终以设计者自己和空间在心灵上的沟通为最高目标，是情景交融的，是天人合一的。

关于这点，《园冶》中有如下记述：

“相地合宜，构园得体”；

“因地制宜，随势生机”；

“自成天然之趣，不烦人事之工，入奥疏源，就地蓄水”；

“高方欲就亭台，低凹可开池沼”；

“宜亭斯亭，宜榭斯榭”。

如果设计师关心的是如何使建议的功能与场地“联姻”，那么首先应确定“这一对”是否相配。大家都曾目睹与场地格格不入的建筑或建筑群。无论这些建筑单体多么出色，或者规划多么理想，整体效果仍难尽如人意。

以下选址的例子显然是可笑的：正对干道交通线的学校；紧邻路边、与道路视距为零的餐馆；没有足够停车空间的购物中心；没有饮用水源的农庄；位于郊区上风向的肉类加工厂。显而易见，以上每一项目都注定要失败，然而，它们或多或少都在我们身边发生过或正在发生。聪明的人会发现每一个有过经营不顺、亏损甚至破产经历的企业，其失败的根源都在于选址与既定用途不合。有太多从不合适的区位开始起步而不作论证的项目例子，这是最基本的失误。

场地体验是造园过程中是极为重要的一步。只有通过实地考察，才能把握场地的感觉，把握场地与周围区域的关系，从而全面领会场地状况。只有在实地考察中才会获得对场地的理解：那蜿蜒的道路、午后的阳光、盛夏的微风以及优美的景致。简而言之，只有在实地亲身体验中才能逐步认识场地和它的特征。

有位设计者说：我们必须不辞辛苦、攀高爬低，踢踢草皮、挖挖泥土，用眼去观察，用耳去聆听，用心去深刻体验这块特定景观区域的独特品质。所有我们在场地能听到的、嗅到的以及感觉到的都是场地的一部分。任何地形特征，无论自然的还是人造的，只要对场地或其用途有任何影响，就一定应作为规划因素来考虑。在当今服从权威和听从时间表严密计划的时代，培育场地感情这一重要方面往往被忽视，我们完成的工作经常烙下疏忽和仓促的痕迹。在日本园林史上，这种对场地的细心认识在景观规划中起着重要的作用。它保证了日本园林每一处构筑物似乎都是场地中的自然生长物，保留并强化了场地的优势特征。

2.3 园林布局

古人所谓园林布局并非今人所说的布局形式，它所涉及的内容基本与现代所说的方案构思（第8章详细讲述）相近。设计者在立意、选址的基础上构思孕育园林作品的思维活动叫园林布局。园林是由一个个、一组组不同的景观组成的，这些景观不是以独立的形式出现的，而是由设计者把各景物按照一定的要求有机地组织起来的。在园林中把这些景物按照一定的艺术规则有机地组织起来，创造一个和谐完美的整体的过程叫作园林布局。

2.3.1 园林布局的主要任务

园林布局的主要任务有：

① 选取提炼题材，酝酿确定主景与配景；

② 谋划功能分区；

③ 组织景点及游览路线；

④ 确定园林的形式；

⑤ 确定园林空间的组合方式。

2.3.2 园林的布局形式

园林的布局形式主要有以下4种。

(1) 规则对称式

规则对称式是西方园林的主要形式,其中又以意大利台地园和法国平面园为代表。其特点是强调整齐、对称和均衡,有明显的主轴线及在主轴线两边对称布置景物。

基本特征如下:

① 地形地貌以平地为主。

② 水体轮廓为几何形体,驳岸整齐。以水池、壁泉、喷泉、瀑布为主,运用雕塑配合喷泉作为水体的主题。

③ 建筑采用中轴对称均衡的布置方法。

④ 道路广场多为几何形。

⑤ 在种植设计上强调成行等距离排列或有规律的简单重复;在材料上强调整形、修剪成各种几何图案。

⑥ 其他景物形式多以规则整齐式为主。

(2) 规则不对称式

规则不对称式园林的构图是规则的,所有线条有迹可循,但没有对称轴线,所以空间布局比较自由灵活(见图2-9)。植物配置多变化,不强调造型,绿地空间有一定层次和深度。适用于街头绿地、企业附属等小型绿地。

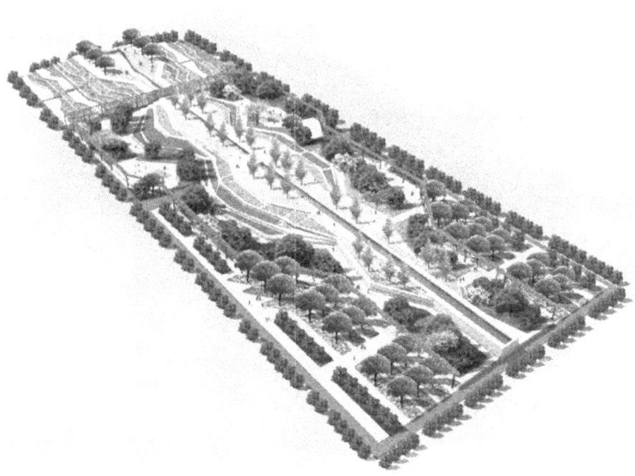

图2-9 规则不对称式

(3) 自然式

自然式布局(见图2-10,参见彩图)的特点是无明显主轴线,曲线无轨迹可寻,以中国古典园林和英国风景林为代表。

基本特征如下:

① 地形地貌富于变化。

② 水体轮廓为自然曲线,多以山石驳岸。

③ 建筑是不对称均衡的布局,并构成主要导游线控制全园。

④ 道路结合地势,曲折自由。

⑤ 种植设计反映自然界植物群落自然错落之美;植物整形反映苍老遒劲。

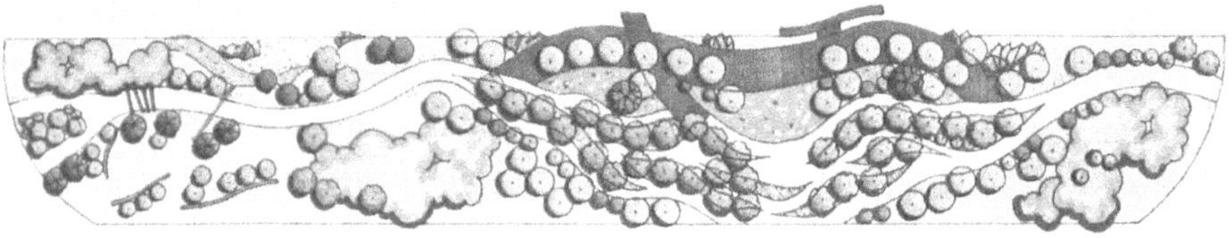

图2-10　自然式布局

(4) 混合式

① 特点。综合规则与自然的特点,将两者有机地结合起来(见图2-11,参见彩图),创造出既有整齐明朗、色彩鲜艳的规则式部分,又有丰富多彩、变化无穷的自然式部分。

② 应用。在较大的现代园林建筑周围或构图中心,采用规则式布局;在远离主要建筑物的部分,采用自然式布局。因为,规则式布局易与建筑的几何轮廓相协调,且较宽广明朗,然后利用地形的变化和植物的配置逐渐向自然式过渡。

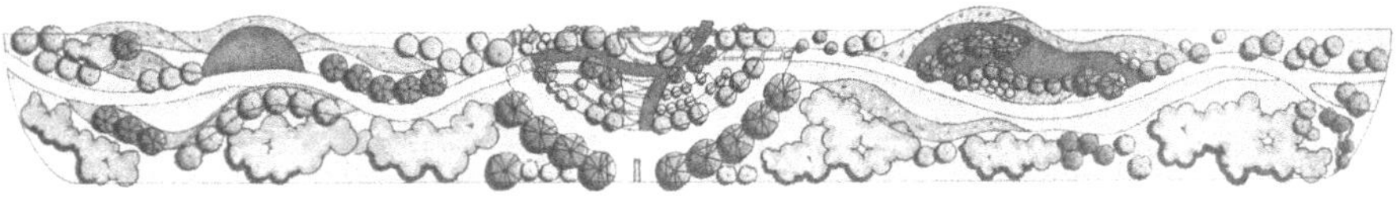

图2-11　混合式布局

2.3.3　影响园林形式的因素

园林以何种形式呈现,由以下因素决定:

① 园林的性质和内容;

② 地区的自然条件；
③ 园林绿地的环境条件；
④ 文化传统和审美意识。

2.4　园林艺术构图法则

2.4.1　多样与统一

多样与统一在园林中的应用是指：园林中的各组成部分应丰富多样，但它们在某方面应达到统一。园林中各组成部分的体形、色彩、线条、形式与风格等，要求有一定程度的相似性和一致性，给人以统一的感觉。统一包括形式的统一、材料的统一、线条的统一、花木的多样化与统一、局部与整体的统一。如图2-12所示为荷兰瓦赫宁根某小镇草坪中的一组小品，其材质相同但造型各异，体现了多样与统一。

图2-12　草坪中的一组小品

如何对园林各部分进行统一？应当先明确园林的主题与格调，然后决定切合主题的局部形式，选择对表现这种主题最直接、最有效的素材。如在西方规则式园林中，常运用几何式花坛或修剪整齐的树木来营造园林。其几何元素与园林整体、局部与整体之间便表现出形态上的统一。而在自然式的园林中，园林建筑必须围绕自然的性质，做出自然式布局，即自然的池岸、曲折的小径、树木的自然式栽植和自然式整形。即便在旧有自然式花园中，出于某种要求而必须建造的大楼,也应在其墙基采取"自然化"的补救措施,如辅以一环绿水、数块碎石,以求得风格的协调统一。

园林中非生物性的布景材料,以及由这些材料形成的景物,也要求统一。如堆假山的石料、指路牌、灯柱、宣传画廊、座椅、栏杆、花架等,它们常常具有功能和艺术两重效果,点缀在园内的都要求使用统一制作材料。如美国明尼苏达州有一座风景树木园,从入口处的告示牌到内部的众多指路牌、荫棚、花架、眺望台、灯柱、栏杆、格子架等,一律用木料制成,而且造型上一律用方形斜尖的柱头,全用棕色涂料,但在高矮、大小、粗细等方面,依功能的需要变化十分丰富,看起来朴素大方,有明显的统一感。其实,国外许多名园都遵循这种用材统一的原则。

园林中除了建筑、假山叠石等要求多样化统一外,花木也要求多样化的统一。如杭州花港观鱼公园,全园应用了200多个树种,其多样性自不待言。但是花木一多,易显杂乱无章,不容易取得协调。于是该园在树种上,选用常绿大乔木广玉兰作为基调,在全园分布数量最多,使园林的树种布局达到了多样统一。

2.4.2 对比与协调

对比,是指借两种或多种性状有差异的景物之间的对照,使彼此不同的特色更加明显,提供给观赏者一种新鲜兴奋的景象。对比包括空间对比、虚实对比(见图2-13)、疏密对比、方向对比(见图2-14)、大小对比、色彩对比、质感对比和布局对比等。

图2-13 虚实对比

图2-14 方向对比

对比是艺术处理中的一个重要手法。在园林绿地中采用对比处理,可使景色生动活泼,突出主题。但在对比应用中应注意调和,对比与调和有着辩证的统一关系。在空间程序安排上,常采用欲扬先抑、欲高先低、欲大先小、以隐求显、以暗求明、以素求艳、以险求夷等对比手法来处理。

协调,是指事物和事物之间的联系达到完美的境界和多样化中的统一,包括相似协调和近似协调。

2.4.3 均衡与稳定

均衡是园林构图中各要素左与右、前与后之间相对轻重关系的处理方式(见图 2-15)。园林布局中的均衡可以分为对称均衡、不对称均衡和质感均衡。

均衡是在不对称的布局中求得平衡的处理。均衡的处理,基本上以游览线前进方向及游人所见景观的画面构图为基础考虑的。另外,均衡的对立面是不均衡,不均衡就是有动势的感觉。

稳定是园林景观整体上下之间的轻重关系处理。

图 2-15 均衡在园林构图中的表现

2.4.4 韵律与节奏

节奏与韵律最初是来自音乐的概念,后在园林设计中得以应用。节奏是指按照一定的条理秩序,重复、连续地排列元素,形成一种律动形式。节奏在视觉艺术中是通过线条、色彩、形体、方向等因素有规律地运动变化而引起人的心理感受变化的。它有等距离的连续,也有渐变、大小、明暗、长短、形状、高低等的排列构成。

相对来说,节奏是单调的重复,而韵律是富于变化的节奏,是节奏中注入个性化的变异形成的丰富而有趣味的反复与交替,能增强构图的感染力,并开阔艺术的表现力。可以说,韵律是节奏的升华。

(1) 连续韵律

即有同种因素等距反复出现的连续构图的韵律特征。如等距的行道树、等高等距的长廊及等高等宽的登山台阶、爬山墙或立柱等(见图 2-16)。

图 2-16　连续韵律的表现

（2）交替韵律

即有两种以上因素交替等距反复出现的连续构图的韵律特征。如柳树与桃数的交替栽种、两种不同花坛的等距交替排列。如图 2-17 所示，植物与路灯交替出现，即为交替韵律。

图 2-17　交替韵律的表现

（3）渐变韵律

指园林布局连续出现重复的组成部分，在某一方面作有规律的逐渐加大或变小，逐渐加宽或变窄，逐渐加长或缩短的韵律特征。如体积大小、色彩浓淡、质地粗细的逐渐变化。

（4）交错韵律

两组以上的要素按一定规律相互交错变化。常见的有地面铺装的图案和中国的木棂花窗格。

2.4.5 比例与尺度

园林中的比例包含两方面：一是指园林景物、建筑物整体或某局部本身的长、宽、高之间的大小关系；二是指园林景物、建筑物整体或某局部之间的大小关系。

尺度则是指园林景物、建筑物整体和局部构件与人或人所习见的某些特定标准之间的大小关系。

在园林绿地构建中，人们习惯因借自然、模仿自然而采用适宜的比例，尤其是在近距离的植物造景中，惯用与人身高相宜的尺度（见图2-18）。当然，也可根据需要夸大或缩小比例，以达到不同效果，如乐山大佛。

图2-18 植物造景中的适宜比例

2.4.6 比拟与联想

园林艺术不能直接描写或者刻画生活中的人物与事件的具体形象，因此运用比拟与联想的手法显得尤为重要。

(1) 山水

概括名山大川的气质，模拟自然山水风景，创造"咫尺山林"的意境，使人有"真山真水"的感受，身处其中即联想到名山大川，天然胜地。若处理得当，即使对着园林的小山小水也能使人产生"一峰则太华千寻，一勺则江湖万里"的联想。

(2) 植物

运用植物的姿态与特征，给人以不同的感受，产生比拟联想。如"松、竹、梅"有"岁寒三友"之称，"梅、兰、竹、菊"有"四君子"之称；椿庭意指长辈，桑梓代表故乡，紫藤寓意"紫气东来"。在园林设计中对它们适当加以运用，增加其意境，可让游人产生联想。

(3) 建筑

运用园林建筑、雕塑造型产生的比拟联想。如蘑菇亭、月洞门、水帘洞等。

总之,以上是景观设计中常采用的一些手法,它们相互联系,应综合运用,不能截然分开。只有在掌握这些方法的基础上,进行更多的专业设计实践,才能很好地将这些设计手法熟记于心,灵活运用于方案之中。

作业

○ 类型:公园体验作业

内容:调查本地区的某个公园,文字说明其类型、立意(主题)、布局及运用的构图法则,并总结4~7个关键词。

3 中国古典园林造景手法

叶圣陶在《苏州园林》中提到:“游览苏州园林必然会注意到花墙和廊子。有墙壁隔着,有廊子界着,层次多了,景致就见得深了。可是墙壁上有砖砌的各式镂空图案,廊子大多是两边无所依傍的,实际是隔而不隔,界而未界,因而更增加了景致的深度。有几个园林还在适当的位置装上一面大镜子,层次就更多了,几乎可以说把整个园林翻了一番。”这不仅是他对我国古典园林的一种感触,也讲述了部分造景手法。

园林造景是园林设计的主要内容。所谓园林造景主要指在满足工程技术要求及遵循园林艺术法则的前提下,运用各种造景手法,合理组织各种造园要素,使园林成为若干具有审美价值的景观和空间环境,同时巧妙地利用原有的各种自然景观和人文景观的创作行为。常用的造景手法可概括为 10 组:主景与配景;层次与景深;借景与屏景;对景与障景;分景与隔景;夹景与框景;透景与漏景;点景与题景;朦胧与烟景;四时造景。

3.1 主景与配景

各种创作艺术中,首先要确定主题与副题、重点与一般、主角与配角、主景与配景等,其实质为确定主从关系。所以,园林布局应在确定主题思想的前提下,先考虑其主要艺术形象,也就是园林主景。

主景或主景区是风景园林的构图中心,处理好主配景关系,就取得了提纲挈领的效果。主景的营造手法主要有以下 5 种。

3.1.1 主体升高或降低

古人云:“主峰最宜高耸,客山须是奔趋”;或“四面环山,中心平凹”。

主体升高,可产生仰视的观赏效果,并可以蓝天、远山为背景,使主体的造型轮廓突出鲜明,不受或少受其他环境因素的影响。如北京天安门广场的人民英雄纪念碑,颐和园前山的佛香阁;法国巴黎凡尔赛宫前路易十四的雕像即是在严格的中轴对称线的高台上;北京紫竹院的四君亭(见图 3-1)亦是如此。当然,通过主景的降低也可达到突出主景的效果,一般下沉广场多用此法,如图 3-2 所示。

图 3-1　北京紫竹院的四君亭

图 3-2　下沉广场

3.1.2　在轴线端点、视线焦点处

一条轴线的端点或几条轴线的交点常有较强的表现力，故常把主景布置在轴线的端点或几条轴线的交点上。纪念性广场和纪念性园林较常运用这种方式，如广州起义烈士陵园、南京雨花台烈士陵园、美国首都华盛顿纪念性园林、天安门广场、法国凡尔赛宫等。北京白塔山公园的“西天梵境”也采用了这种手法，如图 3-3 所示。

3.1.3　动势线集中点处

动势线集中点法也叫“百鸟朝凤”或“托云拱月”法或动势向心法，即把主景置于周围景观的动势集中部位。一般周围环抱的空间，如水面、广场、庭院等，其周围景物往往具有向心的动势，主景如布置在动势集中的焦点上就能得到突出，图 3-4 清华校园老水利系和土木系共同设计的大鼎所处的位置即动势线集中点处。

园林设计中，环拱四合空间主要出现在宽阔的水面景观或四周由群山环抱的盆地类型园林空间处，如杭州西湖的三潭印月、避暑山庄湖区的金山塔、北海静心斋的沁泉廊、北海湖面琼华岛上的白塔寺等。此外，苏州的留园、拙政园等小型园林，也都采用了同样的手法。圆明园中的杏花春馆景区，其四周以群山、土岗围合，中间以杏花春馆及农田、村舍为主的布置又是一种形式。自然式园林中，四周由土山和树林环抱的林中草地也是环拱的四合空间。环拱四合空间中四周配置林带，在视觉交汇点上布置主景，如花池、水景、假山、树丛、树群、建筑等，即可起到突出主景的作用。

图 3-3　北京白塔山公园的“西天梵镜”

图 3-4　清华大学的大鼎

3.1.4　构图重心位置

构图重心位置法，即把主景置于园林空间的几何中心或相对重心部位，使全局规划稳定适中。在自然式园林绿地中将主景布置在构图的重心上，也能突出主景（见图 3-5）。

三角形、圆形、矩形等图案的重心为几何构图，也是突出主景的最佳位置，起到突显的效应。自然式园林的视觉重心，是突出主景的非几何中心。自然山水园的视觉重心忌居正中，如园林中主景假山的位置、不规则树丛主景树的配植位置、水景中主岛的布局、自然式构图中主建筑的安置，都考虑在自然重心上。其实，构图重心处理中，山水园林设计和山水画构图师出一脉。

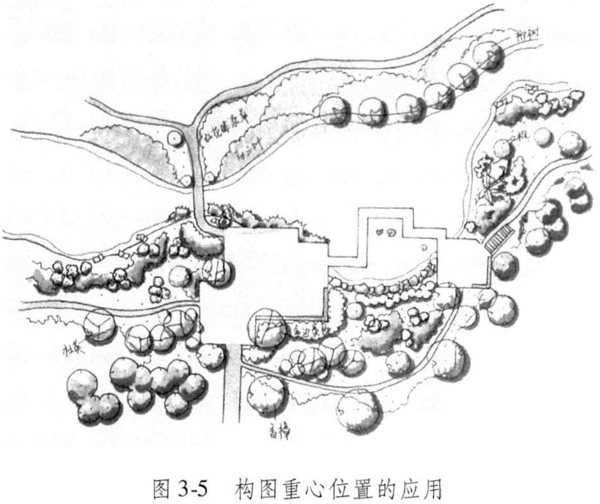

图 3-5　构图重心位置的应用

3.1.5　渐变法

如很多文学艺术作品中的手法一样，园林景观序列的布置，以序幕、发展、转折、高潮最后到结局的顺序安排，引出主景，起到“引人入胜”的效果。

案例分析

苏州留园

案例介绍：

留园以其独树一帜的风格、收放自如的精湛建筑艺术而享有盛名。留园中，层层相属的建筑群组，变化无穷的建筑空间，藏露互引，疏密有致，虚实相间，旷奥自如，令人叹为观止。

入门处，留园的建筑艺术处理就不同凡响：狭窄的入口内，两道高墙之间是长达50余米的曲折走道，设计师充分运用了空间大小、方向、明暗的变化，将这条单调的通道处理得意趣无穷（见图3-6）。过道尽头是迷离掩映的漏窗、洞门，中部景区的湖光山色若隐若现。绕过门窗，眼前景色一览无余，达到了欲扬先抑的艺术效果，让人回味无穷。

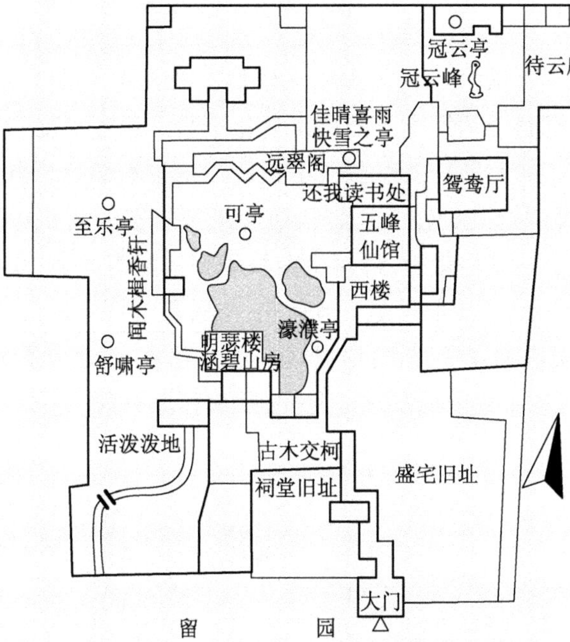

图3-6　留园平面图

3.1.6　园中之园法

不少大面积风景区或园林在其关键部位设置园中园，以局部之精华而取胜，如成都人民公园的少城苑（见图 3-7）、峨眉山的万年寺（见图 3-8）及颐和园的谐趣园等，均属此类型。

图 3-7　成都人民公园少城苑

图 3-8　峨眉山万年寺

3.2　层次与景深

没有层次就没有景深。中国园林，无论是建筑围墙，还是树木花草、山石水景、景区空间等，都善于运用丰富的层次变化来增加景观深度。景深一般分为前（景）、中（景）、后（背景）三大层次，中景往往是主景部分。当主景缺乏前景或背景时，便需要添景，以增加景深，从而使景观丰富。尤其是园林植物的配植，常利用片状混交、立体栽植、群落组合及季相搭配等方法，取得较好的景深效果。如图 3-9 所示，该园前景是一池荷花，中景是一弯白桥，远景是一片高大的乔木林，三个层次相互呼应，可谓景观丰富。当然，有时为了突出主景简洁、壮观的效果，也可以不要前后层次。此外，海棠春坞一景（见图 3-10）也是极好的例证。

图 3-9　荷花池

图 3-10　海棠春坞

3.3 借景与屏景

《园冶》中云:“俗则屏之,嘉则收之。”讲的是周围环境中如果是有碍观瞻的东西,将它屏障起来,如有好的景观,则开辟透视线把它借进来。有意识地把园外的景物“借”到园内可透视、感受的范围中来,称为借景。一座园林的面积和空间是有限的,为了丰富游赏的内容,扩大景物的深度和广度,除了运用多样统一、迂回曲折等造园手法外,设计者还常常运用借景的手法,收无限于有限之中。

借景是东方园林艺术特有的一种手法,园林的面积不拘大小,空间总是有限的,设计者意欲获得无限的意境,扩大空间感,最好的方法是巧妙地借取园外的景物,既不费财力人力,又长期供应。最早是巧借园外的远景,其后园内的景物之间也被认为有借景的可能。

《园冶》里有一篇论述借景的重要性:“借者园虽别内外,得景则无拘远近,晴峦耸翠,绀宇凌空,极目所至,俗则屏之,嘉则收之,……斯谓巧而得体者也。”就是说借景能使可视空间扩大到目力所及的任何地方,在不耗费人力、财力,不占园内用地的情况下,极大地丰富园林景观。

借景有远借、邻借、仰借、俯借、应时之借、借声、借香、凭水而借 8 种类型,以下详述前 5 种。

(1) 远借

远借就是把园林远处的景物组织进来,所借物可以是山、水、树木、建筑等。远借成功的例子很多,如北京颐和园远借西山及玉泉山之塔之景,苏州拙政园远借北寺塔之景(见图 3-11),避暑山庄借僧帽山、磬锤峰之景,无锡寄畅园借惠山之景,济南大明湖借千佛山之景等。为使远借获得更多景色,常需登高远眺。要充分利用园内有利地形,开辟透视线,也可堆假山叠高台,于山顶设亭或高敞建筑(如照山楼等)。

(2) 邻借(近借)

邻借就是把园子邻近的景色组织进来。周围环境是邻借的依据。周围景物中,只要是能够利用成景的都可以借用,不论是亭、阁、山、水,还是花、木、塔、庙。如苏州沧浪亭园内缺水,而临园有河,则沿河做假山、驳岸和复廊,不设封闭围墙,从园内透过漏窗领略园外河中景色。园外隔河与漏窗也可望园内,园内园外融为一体。若邻家有一枝红杏或一株绿柳、一个小山亭,亦可对景观赏或设漏窗借取，此正所谓“一枝红杏出墙来”“杨柳宜作两家春”“宜两亭”等布局手法。图3-12所示为常州红梅公园邻借天宁寺宝塔之景。

图3-11 远借

图3-12 邻借

（3）仰借

仰借即利用仰视借取的园外景观，以借高景物为主，如古塔、高层建筑、山峰、大树，包括碧空白云、明月繁星、高空飞鸟等，如南京玄武湖借鸡鸣寺便属仰借。仰借易导致视觉疲劳，所以观赏点应设亭台座椅。

（4）俯借

俯借即利用俯视观赏园外景物，居高临下，登高四望，将四周景物尽收眼底。俯借所借景物甚多，如江湖原野、湖光倒影等。

（5）应时之借

利用一年四季、一日之时，由大自然的变化和景物的配合而成的景观。以一日来说，有日出朝霞、晓星夜月；以一年四季来说，有春光明媚、夏日原野、秋天丽日、冬日冰雪，不同时间，所借景物自然不同。即使是植物也随季节转换景观，如春天百花争艳、夏天浓荫覆盖、秋天层林尽染、冬天树木凋敝，这些都是应时之借的意境素材。众所周知的“苏堤春晓”“曲院风荷”“平湖秋月”“断桥残雪”等皆属应用此法。

3.4 对景与障景

对景指静观或动观时安排在游人正前方的一些景物，借以免除视觉中的寂寞感，对景有正对景和互对景两种形式。静观的对景是指建筑物附近的附属景物,如休憩建筑供人停留休息,但不是单纯的休息,要有景可赏。动观的对景是指在道路端头或转弯的地方安排简单有趣的景物,使游览者在路上移动时受到它的吸引,感到前方有景可赏,心情上稍有安慰。

对景多位于园林局部空间的焦点,如在园林入口对面、甬道端头、广场焦点、道路转折点、湖池对面、草坪一隅等地。应用对景一则丰富空间景观,二则引人入胜。一般多用雕塑、山石、水景、花坛(台)等景物作为对景,图 3-13 为拙政园入口处花坛的设计。

障景又称"抑景",是在园林入口处安排一些景物,将全园风景作适当的遮掩,免于一览无余的抑景手法。这也是东方园林的传统艺术手法。中国园林讲究"欲扬先抑",也主张"俗则屏之"。二者均可用抑景障之,有意令游览者视线发生变化,增加风景层次。障景多用山石、树丛或建筑小品等要素构成。

障景根据材料的不同,分为山障、树障和曲障:

① 运用叠石垒土而形成的小山,叫作山障。

② 运用植物题材,例如一片树丛,叫作树障。

③ 运用建筑题材,通常在宅园,往往要经过转折的廊院或折桥才来到园中,叫作曲障(见图 3-14)。

图 3-13 拙政园入口景观

图 3-14 曲障

3.5 分景与隔景

分,将空间分开之意;隔,将景物隔离之意,二者类似而略有不同。划分景区多用分法,但分而不离,有道可通;也可用隔法隔离景物,但隔而不断,景断意连。如颐和园入口区用宫墙将空间分离出层次,又用牡丹台(自然式台岗)隔挡视线,但隔而不断,人们通过堑道,绕过山口,则豁然开朗而至昆明湖景区。湖上又有十七孔桥分隔水面成南北两片，西堤分湖面为东西两部分，万寿山分昆明湖为前后湖，确实达到分而不离、隔而不断、水陆相通、层次幽深的效果。

隔景是将绿地分为不同的景区，造成不同空间效果的景物。隔景在造园中所起的效果和作用要根据主题要求而定，或虚或实、或半虚半实、或虚中有实、或实中有虚。

① 实隔：采用山、石、实墙及一般性建筑隔断视线，此为实隔（见图3-15）。

② 虚隔：采用空廊花架、乔木地被、水面、漏窗等隔断视线，虽然造成不同空间的边界感却仍可令空间保持联系，此为虚隔。

③ 虚实隔：堤岛、桥梁、林带等常可造成景物若隐若现的效果，此为虚实隔。图3-16采用木栈道将宽阔的水面分割为不同的空间。

图3-15　实隔

图3-16　虚实隔

3.6　夹景与框景

在人的视野中，两侧夹峙而中间观景为的做法夹景（见图3-17）；用门、窗、树木、山洞等来框取另一个空间的优美景色，把人的视线引到景框之内的做法，为框景（见图3-18）。这是人们为组织视景线和局部定点、定位观景的具体手法，类似照相取景，往往达到增加景深、突出对景的奇异效果。

夹景多利用植物树干、断崖、墙垣、建筑等；框景则多利用建筑的门窗、柱间、假山洞口等。

图 3-17　夹景

图 3-18　框景

框景的形式主要有以下 4 种：

① 入口框景（见图 3-19），在园林入口处设置的框景。

② 端头框景（见图 3-20），在道路、长廊、桥梁尽头处设置的框景。

图 3-19　入口框景

图 3-20　端头框景

③ 流动框景（见图 3-21），由于人的进出而让画面由静态变为动态，称为流动框景。

④ 镜游框景（见图 3-22），窗外的白粉墙前种植轻柔的竹木、芭蕉等植物，配上几块山石，构成一幅无心画，引起空间深远的错觉。由于微风而使得框景中轻柔的植物微微颤动，更具动感，称为镜游框景。

图 3-21　流动框景

图 3-22　镜游框景

3.7　透景与漏景

透与漏近似而略有不同。按山石品评标准，前后透视为“透”，上下漏水为“漏”。园林设计中，景前无遮挡为“透”，景前有稀疏之物遮挡为“漏”，有时透漏可并用（“漏”的量大到一定程度时便为“透”）。在园林中多利用景窗花格、竹木疏枝、山石环洞等形成若隐若现的景观，增加趣味（见图3-23）。

漏景是框景的进一步发展，即利用漏窗、花墙、漏屏风、疏林树干等作前景与远景并行排列形成景观。它起着含而不露、柔和景色、若隐若现的作用。漏景从框景发展而来，有丰富景观层次的作用。框景景色取全观，漏景则若隐若现、含蓄雅致。漏景一般采用漏窗、漏墙手法，如苏州留园漏窗呈现百态（见图3-24）。

疏透处的景物构设，既要考虑定点的静态观赏，又要考虑移动视点的漏景效果，以丰富景色的闪烁变幻情趣。如苏州留园入口的洞窗漏景、苏州狮子林的连续玫瑰窗漏景等。

图3-23　透景

图3-24　漏景

3.8　点景与题景

在风景园林空间布局中，除了定位主景，与主景和主景区有直接和间接视线联系的部位，如山顶、山脊、山坡、山谷、水中、岸边、瀑侧、泉旁、溪源，以及凡在风景视线内而又处于视线控制地位或景区转折点上的地点，经常利用山石、植物、建筑和雕塑等作为景点，以打破空间的单调感，增加意趣，起到点景的作用。图 3-25 为清华大学荷塘湖边所置“莲桥”石，初来此处，一见“莲桥”二字，不由想起朱自清笔下的“荷塘月色”，可谓点题。

创作设计园林题咏称为题景手法，它是诗词、书法、雕刻、建筑艺术的高度综合。水木清华（见图 3-26）是北京清华园中最著名的景点，位于清华大学工字厅的北侧。荷塘南侧的古建筑为工字厅的后厦，为“水木清华”的正廊，正额“水木清华”据历史记载是清朝康熙皇帝的御笔亲题。“水木清华”4 字出于晋朝谢混诗：“惠风荡繁囿，白云屯曾阿。景昃鸣禽集，水木湛清华。”正廊朱柱上悬有清代道光进士，咸丰、同治、光绪三代礼部侍郎殷兆镛的名联：“槛外山光历春夏秋冬万千变幻都非凡境，窗中云影任东西南北去来澹荡洵是仙居。”此处题景，可谓极好。

图 3-25　清华大学“莲桥”石

图 3-26　水木清华

我国园林善于抓住每一处景观特点，根据它的性质和用途，结合空间环境的景象和历史人文进行高度概括，常做出形象化、诗意浓、意境深的园林题咏。其形式多样，有园额、对联、石碑、石刻等。题咏的对象更是丰富多彩，无论是亭台楼阁、大门小桥、假山泉水、名木古树还是自然景象都可给予题名、题咏，如颐和园、知春亭、爱晚亭、南天一柱、迎客松、兰亭、花港观鱼、碑林等。这些题咏不但丰富了景的欣赏内容，增加了诗情画意，点出了景的主题，给人以艺术联想，还起到宣传装饰和导游的作用。总之，各种园林题咏的内容和形式是造景不可分割的组成部分。

案例分析

荷风四面亭

地点：苏州拙政园

案例介绍：荷花四面亭（见图3-27）坐落在拙政园中部池中的小岛上，四面皆水，湖内莲花遍植，湖岸柳枝丝丝婆娑，亭单檐六角，四面通透，亭中有抱柱联：“四壁荷花三面柳，半潭秋水一房山。”该联用在此处十分贴切，尤其是联中的“壁”字用得好，亭是最为开敞的建筑物，柱间无墙，所以视线不受遮挡，备感空透明亮。虽然无壁，然而三面河岸垂柳茂盛，四周芙蓉偎依簇拥，不是密密匝匝地围成了一道绿色的香柔之壁吗？动人的夸张和丰富的想象，使这座岛上的小亭愈发显得多姿多彩，亭亭可人。风吹墙动，绿浪翻滚，清香四溢，色、香、形俱佳。春柳轻，夏荷艳，秋水明，冬山静，荷风四面亭四季皆宜。若从高处俯瞰荷风四面亭，但见亭出水面，飞檐出挑，红柱挺拔，基座玉白，分明是满塘荷花怀抱着的一颗光灿灿的明珠。

试剑石

地点：苏州虎丘

案例介绍：“试剑石”题景旁（见图3-28）是一块卵形的巨石，石面正中有一条深而齐整的裂缝，据说是春秋时期的铸剑家干将和镆铘夫妇试剑时劈开的。干将、镆铘是中国古代著名的冶炼家，尤善铸剑。相传，他们铸造的宝剑能自己飞出去杀死敌人。相信如此的题景一定会让众多到此的游客浮想联翩，而忘记其石开裂的真正原因。

图3-27　荷风四面亭

图3-28　试剑石

3.9 朦胧与烟景

朦胧、烟景两种造景法与中国画一脉相承，在园林中巧用气候因素，创造出烟雨朦胧的景观，是一种独特的造景手法。如避暑山庄的“烟雨楼”，因处于水雾烟云之中，而再现了浙江嘉兴南湖的云烟之美。此外，北京北海公园有“烟云尽志”景点，甘肃天水有麦积烟雨之景，还有峨眉云海的朦胧之美（见图3-29）等皆属朦胧与烟景。更有甚者，宋徽宗皇帝主持良岳造园，命人用炉甘石（烟硝）置于山涧水边，使之吸潮生雾，营造“悠悠烟水，淡淡云山”的迷离景象。而号称泉城的济南，有古诗赞曰：“云雾润蒸华不注，波涛声震大明湖”，这是把泉涌的动态美和云蒸雾化之美结合起来的朦胧之美。

图3-29　峨眉云海

3.10 四时造景

运用大自然景色的四季变迁，创造春夏秋冬景观，是我国造园艺术的一大特色。四时造景分别表现在景区划分、植物配置（见图3-30）、建筑景点、假山造型等方面。如花卉四时造景者有春桃、夏荷、秋菊、冬梅；树木四时造景者有春柳、夏槐、秋枫、冬柏；山石四时造景者有扬州个园的春石笋、夏湖石、秋黄石、冬宣石；意境四时造景者有柳浪闻莺、曲院风荷、平湖秋月、断桥残雪；大环境四时造景者有杏花村、消夏湾、红叶岭、松柏坡等。

图 3-30　植物配置

此外，画家对季相的认识，对造园甚有益处，值得园林设计者加以借鉴。如园林植物生长的过程“春发、夏荣、秋萧、冬枯”或“春莫、夏荫、秋毛、冬骨”，或者“春水绿而潋滟，夏津涨而弥漫，秋潦尽而澄清，寒泉涸而凝滞”“春云如白鹤，……夏云如奇峰，……秋云如轻浪，……冬云澄墨惨翳，……”。

其实，按照四时特征造景，利用四时景观赏景，早已成为人们的习惯。

作业

○ 类型：文字阐述设计

设计要求：

（1）抄绘底图（见图 3-31）；

（2）应用本章的造园手法，有选择性地在这张图上阐述说明自己的造园手法，并在图中相应位置标出。

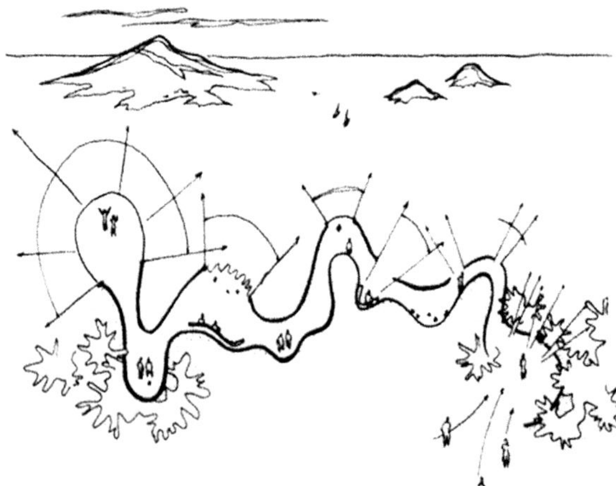

图 3-31　底图

4 构成艺术与园林景观构图设计

4.1 构成艺术

4.1.1 构成概述

在设计领域,构成是一种造型活动,它将造型要素按照视觉规律、力学原理、心理特性、审美法则等重新组织、建构成新的理想形态,是逻辑思维和形象思维相结合的一种构思方式。

日常生活中接触的物体都具有一定形状、色彩、质感等。构成规律,是一切造型艺术的基础,从理性的二维、三维和色彩的不同角度可分为平面构成、立体构成和色彩构成。

4.1.2 平面构成

平面构成是指在二维平面内将造型要素(形态、色彩、肌理)按照一定规律法则进行分解、排列、组合,从而建构成新的理想形态的造型活动。平面构成不表现具体的形象,但它反映了自然界运动变化的规律。平面构成作为一门设计基础课的教育,始于 1919 年德国包豪斯设计学府,其后扩展到设计的各个领域,如服装、造型设计、建筑、绘画等。

在园林设计中,平面形式同样是非常重要的内容,植物的设计、小品的设计、围合空间的界面设计等,最初都涉及平面形态构成的相关知识。园林设计的重要任务之一就是把园林设计要素通过某种方式组织起来,创造美的生活环境。

4.1.2.1 形的基本要素及特征

任何复杂的形都可以分解为简单的基本形,而基本形都是由基本要素构成的。基本要素又必须从概念化和视觉化两方面去理解。

概念化:是指将一个形分解后能得到的抽象化的点、线、面、体,排除了实际材料的特性,如色彩、形状、质地、大小等。

视觉化:是指将概念化的点、线、面、体赋予形状、色彩、肌理、大小、位置与方向,使之成为可见之物。原来概念化的点、线、面、体转化成为具有一定形态的基本要素。

（1）点

1）点的形成

概念化的点：没有长、宽或深，是静态的、无方向的，而且是集中性的。例如：一条线的端点、两线的交点、面或体角上的线条交点、一个范围的中心点等。

视觉化的点：在现实中，一个形与周围其他形相比较小，或者离观察者距离较远，这个形可以看成是一个点。点是一切形态的基础。

2）点的作用

点由于具有集中性，容易引起注意，因此具有以下几个作用：

① 控制范围：当它处在环境中心时，一个点是稳定的、静止的，以其自身来组织围绕它的要素，并且控制着它所处的范围。但是，当这个点从中心偏移的时候，其所处的范围，就会变得有动势。

② 形成焦点：在环境中，有助于形成空间序列并成为视觉焦点。

③ 形成兴趣点：为乏味的环境增加具有吸引力的兴趣点。

3）点的形状

理想的点是小的圆点，但在平面构成中，点的形状是多种多样的，分为规则（圆、方、三角）和不规则（自由随意的点）两种。任何小的形态都可以构成点。

4）点的情感

点的情感体现在不同形状、不同方向、不同面积、不同位置等诸多变化中，如表 4-1 所示。

表 4-1　不同点的情感类型

点的形式	点的情感
大点	简洁、单纯、缺少层次
小点	丰富、光泽感、琐碎、零落
方点	次序感、滞留感
圆点	运动感、柔顺、完美
实点	真实、肯定
虚点	虚幻、轻飘

5）点的构成方法

按照是否有规律性可将点分为两种：第一，点的秩序构成，主要指点的形状与面积、位置或方向等因素，以规律化的形式排列构成，或相同的重复、有序的渐变等。第二，点的自由构成是点不以规律化的形式排列构成。这种构成往往会呈现出丰富的、平面的、涣散的视觉效果。

具体来看，有以下几种方式（见图 4-1）：

① 不同大小、疏密的点混合排列，可以成为散点式的构成形式。

② 将大小一致的点按一定的方向进行有规律的排列，给人留下一种由点的移动而产生线化的感觉。

③ 将由大到小的点按一定的轨迹、方向进行变化，使之产生优美的韵律感。

④ 将点以大小不同的形式，进行有序的排列，产生点的面化的感觉。

⑤ 将大小一致的点以相对的方向，逐渐重合，产生微妙的动态感觉。

⑥ 排列不同规则的点产生活泼的视觉效果。

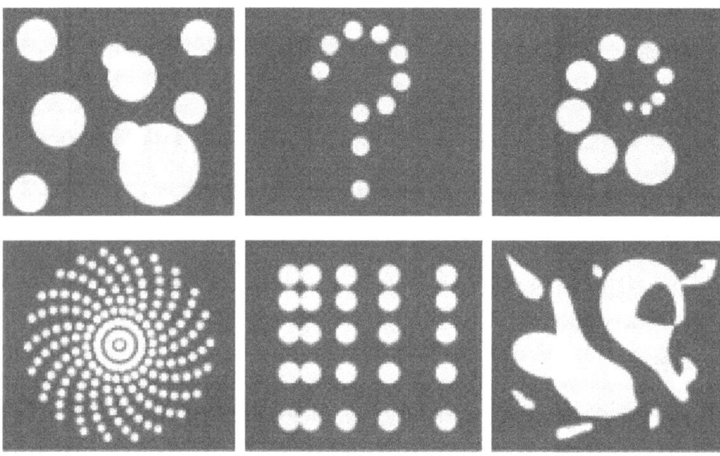

图 4-1　点的构成

（2）线

1）线的形成

线可以看成点的轨迹、面的交界、体的转折。概念化的线有长度，没有宽度或深度，但能够在视觉上表现出方向、运动和生长。在现实中，一个形的长宽比较大，就可以视作线；比值越大，线的效果越强烈。线在设计中变化万千，是设计中不可缺少的元素。

2）线的作用

由于线具有方向性、运动性和生长性等特点，因此有以下作用：

① 调节构图：首先，可以用来连接、联系、支撑、包围或交叉其他可见的要素；其次，描绘面的轮廓，并给面以形状，表明面的表面。此外，一条垂直线，可以表现一种重力的或者人的平衡状态，或者标出空间中的位置。而一条水平线，可以表示稳定、地平面、地平线或者平躺的人体。偏离水平或垂直的线为斜线，可以看成为倒下的垂直线或升起的水平线。该斜线是呈动态的，而且，在不

平衡的情况下，斜线是视觉上呈动感的活跃因素。

② 形成边界：用线标示一个范围的边界。

③ 引导视线：利用线的方向性、生长性引导人的视线。

3）线的性质和形态

① 单线。由于线的方向性，而产生出各种感觉：曲线为运动感；水平线为速度感；垂、斜直线为下落感、上升感。单线还具有分割的特性，可以切分最小的面形成形象。

② 双线。同一运动方向性的双线具有强化作用，细弱的线辅佐粗壮的线。不同方向的双线，则粗壮线为主线，细弱线为辅，具有富于变化的特点。曲直同在的双线，也是以主线的特点为主导。

线还有直、曲之别。直线表现出平静、力量，给人速度感、紧张感，具有男性的情感特征。曲线使人感到优美、轻快、柔和，其中，几何曲线代表规范、严谨和理性（见图4-2 a），自由曲线代表自由、轻快、随意、软弱和富有表现力（见图4-2 b）。

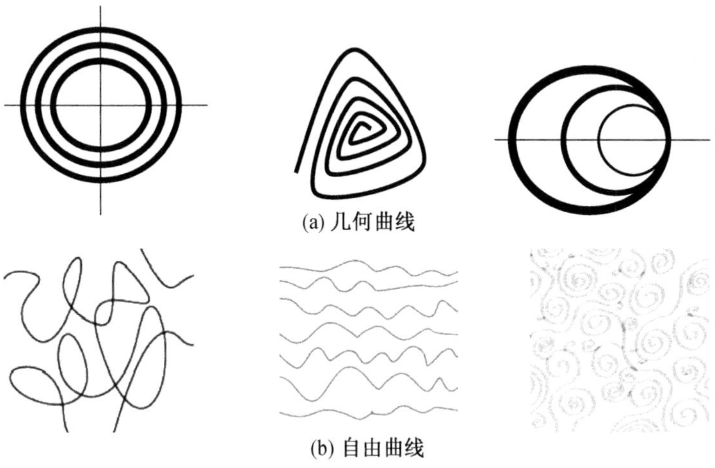

图4-2　线

4）线的构成方法（见图4-3）

① 线的等间隔构成。特点是有强烈的秩序美，但显得单调乏味。可适当采用错位、粗细变化和长短变化等因素来加强画面的生动感。

② 线的交叉构成。交叉构成是线构成的主要形式，各种线的交叉会产生意想不到的效果。

③ 线的自由构成。

图 4-3　线的构成艺术

（3）面

1）面的形成

一条线可以展开成一个面（不是沿自身的方向）。概念化的面有长度和宽度，但没有深度。面可以辨认的第一性特征是形状，由形成面的外边缘的轮廓线确定。在现实中，一个形长宽比不是很大，但长、宽与厚的比值较大时（或者一个体较薄时），就可以看成面。因此，现实中视觉化的面可以是二维的，也可以是三维的。

2）面的作用

① 围合空间：面在围合空间时分为顶面、立面和基面三种类型。顶面可以是屋顶面，也可以是顶棚面，这是建筑空间或室外空间的遮蔽构件；直的墙面是视觉上限定空间和围起空间的最积极的要素；有形的支承和视觉上的基面支持着我们在建筑之中或者室外场地的活动。

② 充当媒介：平面可以理解为一种媒介，如足球场、篮球场都依赖于精确的平面布置。

3）面的性质

面有虚实之别，而两者又具有相互转换的趣味性，它们分割了平面的空间，相互衬托。

面又有大小之分。当大小面组织在一起时，会有空间感、律动感与节奏感。大的面形在前为主要形象，小的面形在后为次要形象。

4）面的情感表达

直线形的面具有直线所表现的心理特征。如正方形能呈现出一种安定的秩序感，在心理上给人简洁、安定、井然有序的感觉。相比之下，几何曲线形的面比直线形的面柔软，有数理性的秩序感。第一种是圆形，能表现几何曲线的特征。但由于正圆形过于完美，则有呆板和缺少变化的缺陷。第二种扁圆形，呈现出一种有变化的曲线形，较正圆形更具有美感，在心理上能产生一种自由整齐的感觉。第三种自由曲线形的面是不具有几何秩序的曲线形。这种曲线形能较充分地体现出设计者的个性，所以是最能引发人们兴趣的造型，是女性特征的典型代表，在心理上能产生幽雅、魅力、柔软和带有人情味的温暖感觉。第四种偶然线形的面是以特殊方法构成的意外的形态，具有其他形态表现不出来的、独特的视觉效果。如用手撕开纸张所产生的形、用颜料喷洒所产生的形、用“油水分离法”产生的形等。

5）面的构成方法

① 形状相同的面(形)的构成。用两个以上同形状的几何形作连接、重叠的构成。在此基础上，再进行形状大小的变化、图形明暗的变化；当然，也可用形状不同的面(形)构成。

② 面的分割构成。依据原形，进行一定的分割，然后将分割出来的新形进行再组合，从而产生新的形(见图4-4)。

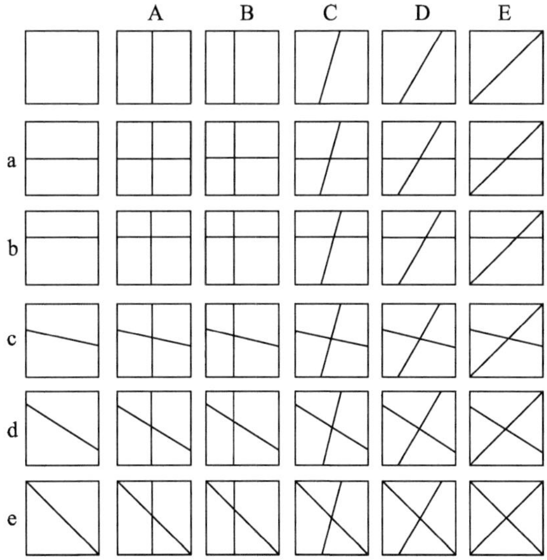

图4-4　面的构成

③ 新形组合构成。上述第二步完成后，再对新形进行组合。采用分离组

合、联结组合与重叠组合等方式完成。

(4) 点、线、面的相对关系

从前面的各种图解中可看到,点、线、面、体的相互关系是非常紧密的。没有绝对的点、线、面、体,只有根据环境确定的相对关系,并且,由于它们相互之间可转化造就了丰富的形态关系。如一个点经过排列成为一条线,再经过阵列成为面等。在实际生活中人们经常运用这类原理,尤其在园林设计中,这样的例子屡见不鲜。把握它们之间的关系,对形态具有基本认识,就能够熟练地运用它们的基本关系去处理形体问题,对形态构成的理解也就上了一个台阶。

4.1.2.2 基本形

观察任何一种形式的构图,都会产生减化视野中主题的倾向,使之成为最简单、最有规则的形式。形式愈简单、愈有规则愈容易使人感知和理解。

4.1.2.3 最重要的基本形状

一般认为构成中最重要的基本形状是圆、三角形和正方形。其他图形都是以此为基础变形而得到的。

(1) 圆

一系列的点,围绕着一个点均等并均衡排列即为圆。圆是一个集中性、内向性的形状,通常在它所处的环境中是稳定的和以自我为中心的。把一个圆放在一个场所的中心,将增强它本身的自然集中性。把圆和直线的、规则的形式结合起来,或者沿圆周设置一个要素,就可以引起一种明显的旋转运动感。

(2) 三角形

三角形是由 3 条边所限定的平面图形,并有 3 个角。三角形含有稳定的意味,当三角形坐在它的一边上时,是极其稳定的图形;但当要支着一个点立起来的时候,它可以是处于一种不稳定状态的均衡,也可以是倾向于往一边倒的不稳定状态。

(3) 正方形

正方形是有 4 个等边的平面图形,并且有 4 个直角。正方形代表一种纯粹性和合理性。它是一种静态的、中性的形式,没有主导方向。所有的矩形,都可以看成是正方形的变体,是常态下增加其高度或宽度变化而成的。像三角形一样,当正方形坐在它的一个边上的时候,是稳定的。当立在它的一个角上的时候,则具有动态。

4.1.2.4 形与形的基本关系

任何基本形相遇时都会呈现出一定的关系,以下 8 种关系涵盖了形与形相遇的所有方面(见图 4-5)。

(1) 分离

形体之间并不接触,而是通过聚集效应成为整体。注意体形之间的位置关系与主次关系。

(2) 接触

注意接触的部位、角度及两者的主次关系。

(3) 覆叠

在形体相交错的部分,其中的一方完全"吃掉"另一方。注意主次关系及覆盖度的大小和方位问题。

(4) 透叠(叠透)

两个形体相交错时,其交错部位的性质(如颜色、肌理、结构等)以一方为主、另一方为辅的方式。因此,要注意它们的主次关系和交错部位新形的处理。

(5) 联合

形体之间融合成新形。注意整体的轮廓形式及合并后的新形和原形之间的关系。

(6) 减缺

主体的形被另一形消减。注意减缺的度及被减缺后的形与原形(包括主体原形和非主体的原形)的关系。

(7) 差叠(叠差)

所产生的新形分别保留了不同原形的部分特征。注意二者所产生的新形的形态及它们同原形的关系。

(8) 重合(综合)

表达了一个形体完全涵盖另一形体的概念。

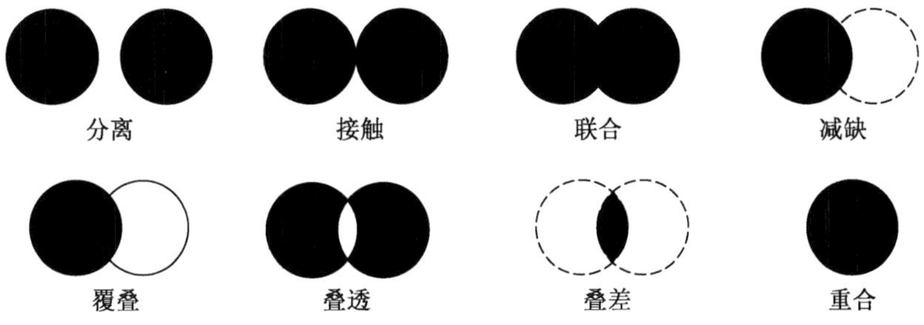

图 4-5 形与形的基本关系

4.1.2.5 形态的视知觉

(1) 单纯化原则

形的要素变化(如长短、方位、角度的变化,基本单元的形状变化等)越小,数量越少，越容易被认识和把握。这就解释了为什么人们对简单的几何形比较偏爱。对于复杂的形体，人们倾向于将它们分解成简单的形和构造去理解。构造简单的形容易识别，而尽可能地以简单的形和构造去认识对象的方法，就称为单纯化原则。

(2) 群化原则

群化原则反映了部分和整体的关系。各个部分由于在形状、大小、颜色、方向等方面存在着相似或对比；各个部分联系起来就形成整体。

(3) 图底关系原则

人们在观察某一范围时，把部分要素突出作为图形，而把其余部分作为背景的视知觉方式就是图底关系原则。“图”指的就是看到的“形”，“底”就是“图”的背景。

以图底关系原则形成图形主要有如下几种情况：

① 居于视野中央者；

② 水平、垂直方向的形及较斜向的形，更容易形成图形；

③ 被包围的领域。

(4) 其他原则

其他原则有：

① 较小的形比较大的形更易形成图形；

② 异质的形较同质的形更容易形成图形；

③对比的形较非对比的形更容易形成图形；

④ 群化的形态较单一形态更容易形成图形；

⑤ 曾经有过体验的形体容易形成图形。

应当指出的是：图底关系原则是仅仅存在于平面构成中的现象，它指的是广泛意义上的图形和周围背景的关系，反映了人们认识图形和背景的规律。

4.1.2.6 图形层次

在立体构成中，从观察的角度看，形与形之间存在着明确、实在的前后关系，这也就是层次。在平面构成中，人们也倾向于以这样的关系去认识平面图形中的各个形。根据不同的平面图形关系，可确定其中各个形的前后层次关系。

4.1.2.7 形态的心理感受

对形态的心理感受往往有8种。

(1) 量感

量感是对形态在体量上的心理把握。形的轮廓、颜色、质地等都会影响人们对形的量的感受与判断。

(2) 力感和动感

由于实际生活中对力、运动的体验,使人们在看到某些类似的形态时会产生力感和动感。如弧状的形呈现受力状,产生力感;而倾斜的形产生运动感。

(3) 空间和场感

前文已经讲过这个问题。场感是人的心理感受到的形对周围的影响范围。由于这种心理感受,使我们产生了空间感。空间感必须以体形作为媒介才能产生,完全的虚空并非构成意义上的空间。

(4) 质感和肌理

质感是人们对形的质地的心理感受。如石材让人感觉坚硬,金属让人感觉冰冷,木材给人温暖等。各种材质能给人们带来软、硬、热、冷、干、湿等丰富的感觉。通过对形的表面纹理的处理,可以产生不同的肌理,创造极为多样的视觉感受。同样材质的形,也会由于不同的肌理处理产生极其悬殊的视觉效果。

(5) 错觉和幻觉

尽管这不是本书主要关心的问题,它们也许对美术设计更重要,但是也不妨了解一下。错觉是人们对形的错误判断;幻觉是由形引起的人的想象,二者有细微的差别。古希腊的帕提农神庙就利用了视错觉,它立面上的柱子都微微向中央倾斜,使建筑显得更加庄重。

(6) 方向感

有运动感、力感的形体能体现出方向感。反之却不尽然,有方向感的形体不一定体现出运动感和力感。方向感和形体的轮廓有直接的联系。如当各个方向上的比例接近时,形体的方向感较弱,反之则较强。

(7) 形式美法则

秩序是美的造型的基础。虽然不能说有秩序就一定能造出美的形,但是没有秩序的形肯定是不美的。有秩序而无变化,结果是单调和令人厌倦的;有变化而无秩序,结果则是杂乱无章的。

(8) 以秩序为原理的构成法

秩序原理可以看作一种视觉手段,它能使一个优秀园林中的各种各样的形式和空间,在感性上和概念上共存于一个有秩序的、统一的整体之中。

1) 对称(见图 4-6)

对称指的是从某位置测量时,在对等位置上有相同的形态关系。对称是最基本的创造秩序的方法,是取得均衡效果最直接的方法。对称给人的正面感觉有庄重、稳定、严肃、单纯等;负面感觉有呆板、沉闷、缺少生气等。

在对称和非对称之间还存在着一类中间状态,即亚对称。在一个整体对称的形态构成中,存在局部的非对称形态,并对整体的形态起到调节作用,即亚对称。

有两种基本的对称方式:

① 两侧对称式,同等的要素均衡地分布于公共轴线的两侧;

② 辐射对称式,同等的要素均衡地分布在相交于一点的两轴或多轴线的两侧。

图 4-6　对称构图

2）等级

要表明组合中某个形式和空间的重要性和特别意义,必须使它们在视觉上与众不同。要达到这个目的,可以赋予一个形式和空间以特别的尺寸、独特的形状、关键性的位置。在一般情形中,一个形式和空间在等级方面的重要性,是通过异常与正常的对比及规则图案中的不规则形状来体现的。

一个形式和空间,可以因它的尺寸在构图中独具一格而取得支配地位。一般来说,外形的支配地位通过要素的绝对尺寸而实现。但有的时候,一个要素特意被安排成小于构图中的其他要素,并处于一个明显区别的位置,也能取得同样的效果。

在构图中,居于支配地位的形式和空间以其明显的形状差别可以使人一望而知,因而具有重要性。无论这种差别是由几何图形的变化还是不规则的变化导致,形状的鲜明对比是关键。当然,重要因素形状的选择必须与其功能用途相符。也可以将一个形式和空间置于影响全局的位置,使它引人瞩目而显出其在构图中的等级重要性。这些位置包括线式序列和辅线组合的端点,对称组合的中部,集中和辐射式组合的焦点,偏离、高于、低于或者前于整个构图。

3）基准

基准是指在构图中与其他要素有关的一条参考线、参考面或参考体。基准通过它的规则性、连续性和稳定性,将多种要素的自由图案组合起来。如五线谱的乐谱线即可以看作基准线，为人们辨认音符和高音时提供了一个直观的基础。直线的连续性和间隔的规则性，使乐曲中各不相同的一系列音符连成一体，同时也很清楚地表明和强调了它们之间的差别。

作为一种有效的组织秩序的手段，一条基准线必须有充分的连续性，以便穿过或从外侧通过它所组合的全部要素。如果基准是面或体，必须有足够的尺寸、封闭感和规则性，才可以被看作能把组合要素围起或集聚起来的形体。

基准能以下列方式将一组随意的、不同要素的自由组合部件组织起来：一条直线可以穿通一个图案或成为图案的边缘，直线网格可为图案构成一个中性的统一领域；也可将图案的要素聚集在它的下方，或者成为图案的背景，把要素框入面里；或者可以将图案集中于它的范围内，再或者沿着它的周长将它们组合起来。

4）韵律（见图 4-7）

形体按一定的方式重复运用，这时作为基本单元的形体感觉弱化，而整体的结合形态就产生了韵律感。

① 重复：一基本单元形体以同一方式反复出现，如简单的圆形等距排列，加上基本单元形的大小变化、间距变化或颜色变化等的重复。

② 渐变：一基本单元的形状、方向、角度、颜色等在重复出现的过程中连续递变。渐变要遵循量变到质变的原则，否则会失去调和感。渐变可避免简单重复所产生的单调感，又不至于产生突发感。

比如螺式的辐射状，以反射方式从中心点向外作螺旋扩展，并在扩展的过程中，保持着螺壳的有机统一性。运用黄金分割的数学比，可得到一系列长方形来形成一个统一的组合。在组合中，各长方形之间，长方形与整体之间，都是成比例关系的。在这个例子中，运用反射扩展的原理，能将一组形状相同而尺寸有等级差别的要素，排列形成一种秩序。

图 4-7　韵律构图

5）均衡

物理学上的均衡概念是指支点两边的不同重量通过调整各自的力臂而取得平衡。形态构成上的均衡概念是指感觉上的形的重心与形的中心重合。

取得均衡的方法：改变图形的位置时相应地改变其在整体中的比重，还可通过调整位置、大小、色彩对比等方式取得。

6）比例

指形之间体量的相对比较。前面讲分割法造型时曾提到过这个问题，比例问题涉及数列等数学上的一些概念。

以下的一些数学比例关系可供参考：

① 等差数列：1d, 2d, 3d, 4d,5d,…

② 等比数列：1d, 2d, 4d, 8d, 16d,…

③ 黄金比：将一线段分割成两部分，使小段和大段之比等于大段和整段之比，这个比值约为0.618。将这一比例关系运用到矩形，就是所谓有黄金比例的矩形。这种矩形在古希腊的建筑中很常见。

7）对比（见图4-8）

利用相反相成的因素可以加强形与形的相互作用，如大与小、多与寡、远与近、垂直与水平、上与下、疏与密、曲与直、轻与重、高与底、强与弱、规则与自由等。利用这种方法，可轻易达到强调或突出重点的目的。

图4-8　对比构图

8）多样统一（图4-9）

多样统一是形式美原则的主要内容。多样统一意味着调和，就是要求形与形之间既要有不同的要素加以区别，又要有共通的要素加以沟通，从而形成完整的新形。达到多样统一的具体的手法有：

① 统一：以共同的要素形成统一。

② 变异：以异质的要素互相衬托形成统一。

③ 统摄:通过主体形式的强势支配全局或附属形体。可以通过大小、多寡、明暗、虚实、远近等处理方法达到目的。

图 4-9 多样统一构图

4.1.3 色彩构成

法国的启蒙思想家、唯物主义哲学家狄德罗说:“素描使万物有其形,色彩使万物有生命。”色彩在生活空间随处可见。随着四季的更替、朝夕的不同,景物不断变化它们的颜色。

(1) 色彩的属性

1) 色相

颜色的色相指某一色彩呈现的相貌和名称。色相中又有:

① 三源色。把光谱中的红、黄、蓝(由于它们不能用其他颜色调配)三种色彩称为三原色。

② 间色。把光谱中橙、绿、紫等(它们由两种原色调配而成)称为间色,也叫二次色。

③ 类似色(同类色):色环中 45°以内的颜色。

④ 互补色:色彩中的互补色有红色与绿色互补、蓝色与橙色互补、紫色与黄色互补(见图 4-10,彩页)。

⑤ 冷暖色:以人的情感来分。如血、火焰和阳光都是红色,给人以温暖的感觉;而蓝、紫往往使人联想到夜空、海水、阴影,因而有寒冷、凉爽的感觉。前者被称为暖色,后者被称为冷色。黑、白、灰、金、银介于冷暖色之间,为中间色。颜色的冷暖是相对的,如紫与橙并列时,紫便倾向于冷色;而当紫与青并列时,

紫便倾向于暖色。暖色还有向前突出的感觉,又被称为进色;冷色有向后隐退的感觉,故又被称为退色。应用这个道理,在手绘中表现空间距离时,近景用暖色较多,而远景用冷色较多。

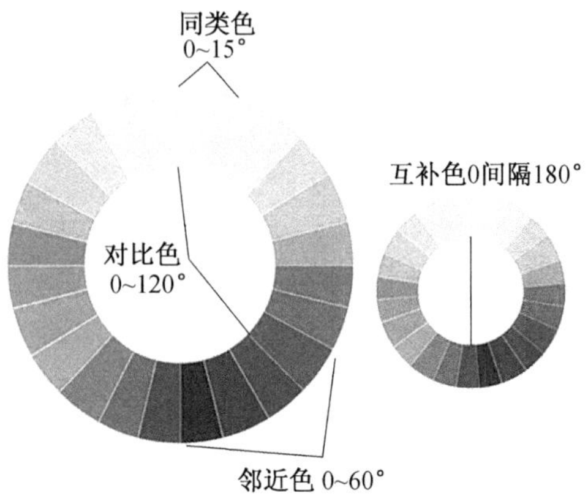

图 4-10　色环

2）明度

明度也叫“亮度”,指色彩中深浅程度、明暗程度。在无彩色中,白色明度最高,黑色明度最低。而在有彩色中,根据色相环和孟塞尔色彩体系,黄色明度最高、蓝紫色明度最低。明度具有较强的对比性,它的明暗关系只有在对比中,才能显现出来。

3）纯度(饱和度)

纯度指色彩中含色素或色味的多少的程度,也指色彩的鲜灰度、饱和度。无彩色中的颜色,没有色相感,其纯度为零。在有彩色中,鲜艳的色彩纯度高。通过以下方式可以改变纯度,如同时加入白、黑,纯度降低;加入其他色相,纯度降低;加水稀释,纯度降低。

(2) 色彩的构成形式

1）均衡(平衡)

均衡的概念表现在色彩造型方面,是指将各种配置的要素(色彩面积的分布、色的强弱和轻重)在视觉上产生一种稳定的构图形式。

2）强调

色是为了强调画面的效果,弥补整体画面的贫乏单调感。在色彩配比中,以适当的比例关系合理运用色彩的明暗、大小、软硬、冷暖、鲜浊等,能够突显所要表达的主题,达到画龙点睛的效果,从而构成整体中的强调。

强调的方法:① 一般以极小面积的色为强调色,强调的主题要恰当,以形成视觉中心,提高注目性。② 采用与画面色调倾向一致的鲜明色,为主色调强调;采用与画面色调对照的小块对比色,为对比色强调。③ 采用对比性质作为强调色时须注意,整体色调为高明色时,用暗色来强调;整体色调为无彩色时,用有彩色强调。④ 确定强调色的位置和比例关系时必须考虑配色的平衡。

3)节奏

节奏具有时间的因素。在不具有时间过程的配色中,通过色相、明度、纯度三属性的变化而造成强弱、轻重、冷暖、软硬等不同质的因素相互组合,或局部的某种间隔排列,使之产生色的抑扬格调或某种方向性的移动、反复变化,视觉上会感觉到动的连续和相互关联的韵律,使单调的色彩活泼化。

节奏包括渐变节奏和重复节奏两种形式。

① 渐变节奏:按色相、明度、纯度依一定秩序作色相推移、明度推移、纯度推移,呈阶梯式逐渐变化或循环反复。

② 重复节奏:将色相、明暗、纯度、强弱等两个以上的同一要素进行配列,交替反复,造成具有动势的抑扬调子,可以得到井然有序的、丰富多彩的重复节奏。

4)主从

对比色即异质色彩的对立,但并非各不相干,这种对比关系中有时一方占优势,起支配作用的,即为主色。主色一般用在重要的主体部分,配以对比的鲜艳色,形成画面的高潮,增强画面的感染力。而另一方处于从属地位的,称为从色(辅色、宾色),从属主色。

5)呼应

呼应是配色平衡的桥梁和手段。任何色块在布局时都不应孤立出现,而需要同种或同类色块在上下、前后、左右诸方照应,以保持画面的色彩平衡。同时,呼应还能够起到调节和满足视觉神经的适应作用。色彩呼应的方法有两种形式:局部呼应与全面呼应。

6)层次

色彩的前进、后退感觉影响着色彩的层次变化。暖色、纯色、亮色、大面积色具有前进感;冷色、含灰色、暗色、小面积色具有后退感,但这仅是一般的概念。更多的时候,色彩的层次受色彩的明度对比和纯度变化的影响。

7)点缀

点缀是指小面积重点部位的配色,是面积对比的一种形式。点缀色具有醒目、活跃的特点。应十分慎重、珍惜地将最鲜明、最生动的色彩用到最关键的地方,让点缀色起到画龙点睛的作用。点缀要领为,点缀色在面积对比上要恰到好处,把握主色调与点缀色之间的比例关系,另外,应灵活地运用纯度的对比变化。

8）衬托

色彩的衬托是指图色与底色(或背景色)的映衬关系,衬托依赖于面积对比。

衬托主要有下列 4 种形式:

① 明暗衬托,利用色彩的明度对比,用较大面积的亮色(或暗色)衬托较小面积的暗色(或亮色)。如浅色底配深色图,深色底配浅色图。

② 冷暖衬托,利用色彩的冷暖对比,用较大面积的冷色(或暖色)衬托较小面积的暖色(或冷色)。如冷色底配暖色图,暖色底配冷色图。

③ 灰艳衬托,利用色彩的纯度对比,用较大面积的灰色(或艳色)衬托较小面积的艳色(或灰色)。如灰色底配鲜艳的图,鲜艳底配灰色的图。

④ 繁简衬托,大面积单纯的底色配以小面积的多彩纹样,或以多彩的背景配以单纯纹样,称为色彩的繁简衬托。

9）渐变

色彩渐变是指一种颜色按照一定的比例递增或递减,有规律地逐渐转变到另一种颜色的连续过程。渐变构成能产生由强到弱、由明到暗、由艳到灰、由冷到暖的节奏感,柔和而优美,变化而统一。

色彩渐变主要有以下 4 种形式:

① 明暗渐变,无彩色由黑—灰—白的渐变;同种色由明到暗的渐变;按色环顺序由黄到蓝紫色的渐变。

② 色相渐变,类似色相系列渐变、对比色相系列渐变、互补色相系列渐变、全色相系列渐变和色相混合渐变等。

③ 纯度渐变,由灰至艳的渐变。

④ 冷暖渐变,由冷至暖的渐变。

4.1.4 立体构成

立体构成也称为空间构成。立体构成是以一定的材料、视觉为基础,以力学为依据,将造型要素按照一定的构成原则,组合成美好的形体。立体构成是由二维平面形象进入三维立体空间的构成表现,两者既有联系又有区别。① 联系:它们都是一种艺术训练,引导设计者了解造型观念、训练抽象构成能力、培养审美观,接受严格的构成训练。② 区别:立体构成是三维的实体形态与空间形态的构成。立体构成结构上要符合力学的要求,同时,立体构成离不开材料、工艺、力学、美学,是艺术与科学相结合的体现。立体是用厚度来塑造形态,它是制作出来的。

有人说:“一切作品都要尽量简化为最简单的几何图形,如立方体、圆锥体、球体、长方体,或是正方形、三角形、圆形、长方形等,进行实践,这种以几何形体构建的结构具有理性的逻辑思维,加上标准化的色彩,使人容易学习抽象造型,并掌握其规律、原理,进而通过不同的设计将其体现出来。如灯具、建筑与小品等都有强烈的几何形式感,特别是建筑设计以追求简洁为时尚,更体现出构成的科学性、合理性。”

(1) 体的形成

平面构成中一个面展开成体(不是沿它自身的方向上)。概念化的体有 3 个量度:长度、宽度和深度。所有的体都可以分解为以下部分:点(顶点),几个面在此相交;线(边缘),两面在此相交;面(表面),体的界限形式是体的基本的、可以辨认的特征。体是由面的形状和面之间的相互关系所决定的,这些面表示体的界限。一个体可以是实体,即体量所置换的空间,也可以是虚空,即由面所包容或围起的空间。

(2) 体的作用

1) 构成内部空间

三维要素形成一个具有不同封闭程度的内部空间的体。有的体从外面看是实体,有的体从外面看是开敞的。

2) 界定外部空间

由体围合成空间。

(3) 类型

立体构成有以下五种类型。

1) 半立体构成(2.5 维构成)

所谓半立体构成是以平面为基础,将其部分空间立体化,是介于平面与立体之间的造型,亦即一般所称的浮雕。半立体构成的主要特性表现在凹凸的层次感和光影的效果上,其足以使单调的平面产生各种不同的变化。另外,半立体构成的主要方法有折叠(直线折叠、曲线折叠)、弯曲(扭曲、卷曲、螺旋曲)、切割(控切、直线切割、曲线切割)。

2) 线立体构成

线立体本身不具有占据空间表现形体的功能,而是可以通过线群的积聚,表现出面的效果,再运用各种面加以包围,形成一定封闭程度的空间立体造型。

3) 面立体构成

面立体构成是以长、宽两度空间的素材所构成的立体造型。其在二维空间的基础上,增加了一个深度空间。面立体构成的结构大部分表现为空心造型。这种结构是一种折面构成,也就是将面立体加以刻化、切割和折曲,形成一种面立体包围的空间立体造型。

4）块立体构成

块立体构成可由基本几何形体或加工变形后的形体构成。其构成可通过减法创造,如分裂、破坏、退层、切割、分割移动等完成,也可通过加法创造,如堆砌组合、接触组合、贯穿组合、嵌入组合及填充与包裹组合等完成。

5）综合材质立体构成

即通过以上4种方式中的几种共同完成。

（4）空间立体造型的基本形态及感情特征

1）平面几何形体

常见的有正角锥体、正四棱锥体、正立方体、长方体等。其形体特征:表面为平面,棱线为直线;情感特征表现为简练、大方、庄重,可象征稳重、严肃、沉着等性格。

2）几何曲面体

常见的有圆球、圆环、圆柱、圆锥、圆台等。其形体特征:表面为由曲面所构成的方块体或转体;情感特征表现为既严肃又有曲线变化。

3）自由曲面体

自由曲面体的情感特征表现为既优美活泼、又有较强的秩序。

4）自然形体

自然形体指的是客观环境中自然形成的形体。它的情感特征表现为朴实的自然形态,如鹅卵石的光滑、细腻,老枯树根的粗糙等。

（5）立体构成美的形式法则

立体构成美的形式法则主要表现在形象的重复、整体的韵律、对比与调和、构图的平衡及形象的特异。

4.1.5　三大构成在园林中的应用

（1）平面构成的应用

园林中各个景观起初的构图设计其实都源于点、线、面的构成,所以有人戏说:“园林景观起初的平面设计就是在做点、线、面的组装游戏。”最后虽然由图纸变成实景,我们仍能清楚地找出各组成元素在园林中的表现。如点状的小品(见图4-11)或座椅、草坪灯等;自然曲线或规则式、直线式的水体轮廓线(见图4-12)、面状的丛植灌木或幽静的湖面等。

图 4-11 点状小品

图 4-12 规则形式驳岸

(2) 色彩构成的应用

园林诸要素中唯有植物具有生命。一方面,植物本身具有不同的质地,也具有不同的叶色、花色和树皮颜色;另一方面,植物会随着季节的变化而呈现不同的色彩变化。西方的设计者习惯用色彩彰显植物的美,他们也更善于运用色彩的变化将植物有选择性地配置在一起。如荷兰的库肯霍夫公园,植物配置应用的无论是冷色调(见图 4-13,参见彩图)还是对比色(见图 4-14,参见彩图),也不管是渐变色(见图 4-15,参见彩图)还是白色调和(见图 4-16,参见彩图),都是那样的自然,那样的绚丽,堪称经典。

图 4-13 植物应用(冷色调)

图 4-14 植物应用(对比色)

图 4-15 渐变色的应用

图 4-16 白色调和的应用

（3）立体构成的应用

园林空间中的建筑、植物或水体都以具体的形体而存在，或写实，或抽象。在一个特定的空间中，它们都是立体构成的表现，图 4-17（彩页）为葡萄牙街头喷泉与雕塑组景的设计，即为一实例。

图 4-17 葡萄牙街头喷泉与雕塑组景

案例分析

航海大发现纪念碑

地点：葡萄牙里斯本

案例介绍：航海大发现纪念碑也称航海纪念碑，是葡萄牙超级英雄联盟纪念碑（见图 4-18）。这座碑是为了纪念恩里克王子逝世 500 周年于 1960 年建成的，碑高 52 米，内有 7 层，整座碑的形状如一艘帆船，内部是多种功能的房间，可以登到最高处眺望风景。碑体上雕塑的是由恩里克王子领头的超级英雄，包括达伽马、佩德罗 · 卡布拉尔、麦哲伦等。恩里克王子手里握着一个小型的葡萄牙，表示没有王子大兴航海学校就没有葡萄牙的昔日辉煌。

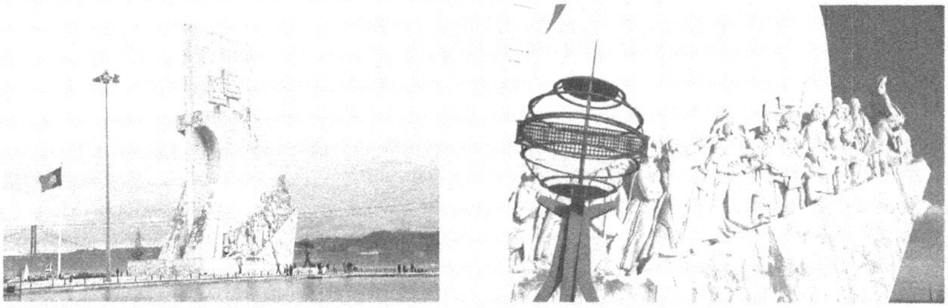

图 4-18 航海大发现纪念碑

(4) 三大构成的综合应用

在实际的园林景观设计中,通常不会也不能将三大构成分割开来考虑,它们总是以一个综合的形式完美地呈现在大家的眼前。图 4-19(彩页)为荷兰库肯霍夫公园,在其中可找到平面、色彩、立体构成的表现。

图 4-19 荷兰库肯霍夫公园

4.2 园林景观构图设计

4.2.1 构图设计概述

有人说:空间演化总是从一段概念设计开始,要弄清楚各空间的功能,确定其兴奋点。

(1) 关于概念设计

① 概念设计是基于基址系统因素的构思。

② 概念设计是一种纲领性的布局。

③ 概念设计是中心思想 + 段落式的设计。

④ 概念设计注重的是结构。

⑤ 概念设计不全是某种特殊的主题、构图、功能或元素的具象化。

(2) 概念图语言

概念图是人们习惯采用的表示方法,即概念语言。

① 面积比例:圆圈表示空间。

② 箭头:表示走廊和其他运动轨迹。

③ 星形:重要景观节点。

④ "之"字形或者关节形:表示线性垂直元素,如墙。

需要注意的是概念性的表示符号能运用于任何比例的图中。

(3) 概念方案图

概念方案图(见图 4-20)是概念设计的最终表现,是概念结构图的综合,是空间和功能的融合,是元素和空间的组合。

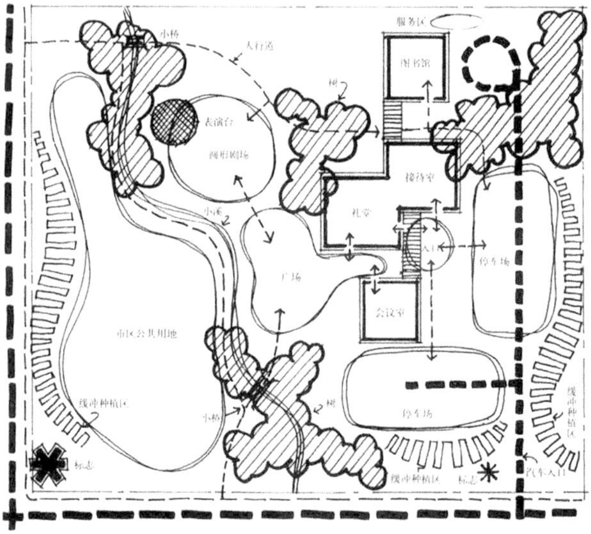

图 4-20 概念方案图示例①

(4) 从概念到形式的构图

1) 构图形式

将简单的几何图形或由几何图形变换出的图形进行有规律的排列,通过调

---

① 格兰 · W · 雷德:《景观设计绘图技巧》,王俊,等译,安徽科学技术出版社,1998 年,第 39 页。

整大小和位置就能从最基本的图形演变成设计形式,如图 4-21 所示。

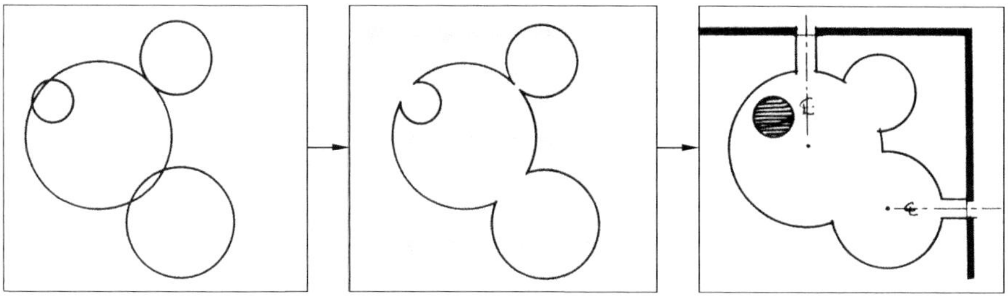

图 4-21 构成形式的演变

2）构图元素

几何形体始于 3 个基本图形:正方形、三角形、圆。

每个基本图形又可以衍生出次级基本形。如正方形转换为长方形;三角形转换为 45°,90°,30°,60°的三角形;圆转换为半圆、扇形等。一般园林场地构图分析,常用此法,如图 4-22 所示。

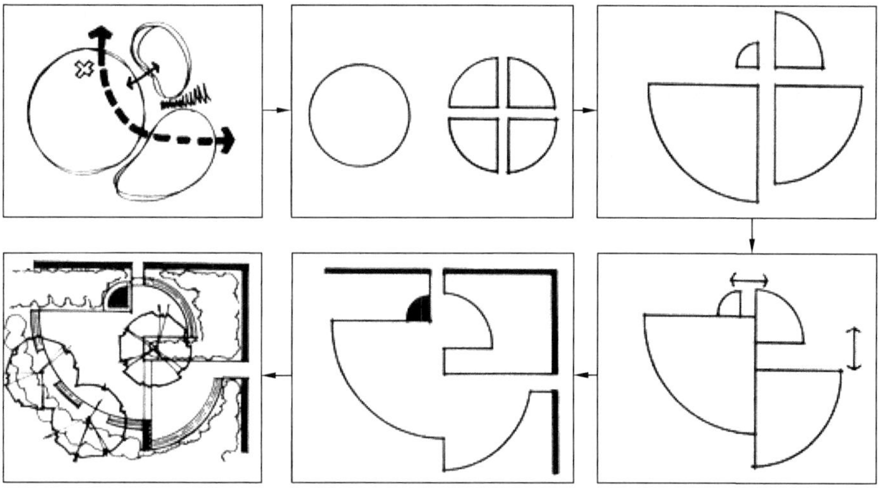

图 4-22 构成艺术在场地构图中的应用

作业

○ 类型:给定场地的构图设计

要求:

(1)根据已给定的概念图(见图 4-23),按照图中要求进行构图分析。

(2)运用本章所学的知识内容进行构图设计。

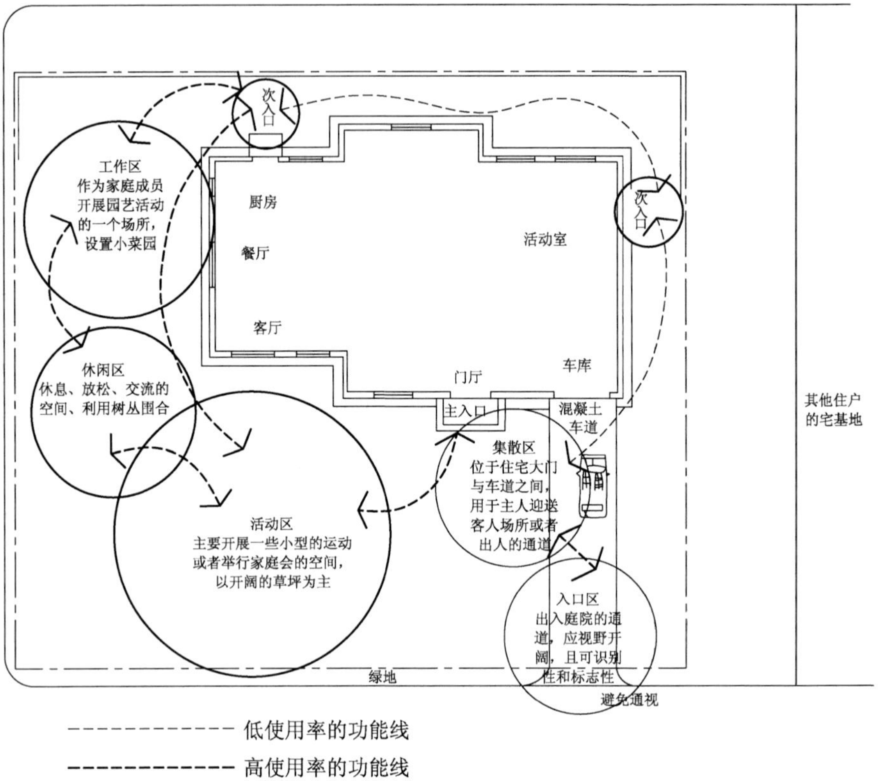
次入口
次入口
工作区
作为家庭成员开展园艺活动的一个场所，设置小菜园
厨房
餐厅
客厅
活动室
休闲区
休息、放松、交流的空间、利用树丛围合
门厅
车库
主入口
混凝土车道
集散区
位于住宅大门与车道之间，用于主人迎送客人场所或者出人的通道
活动区
主要开展一些小型的运动或者举行家庭会的空间，以开阔的草坪为主
入口区
出入庭院的通道，应视野开阔，且可识别性和标志性
其他住户的宅基地
绿地
避免通视
低使用率的功能线
高使用率的功能线

图 4-23 概念图

5 园林要素表现

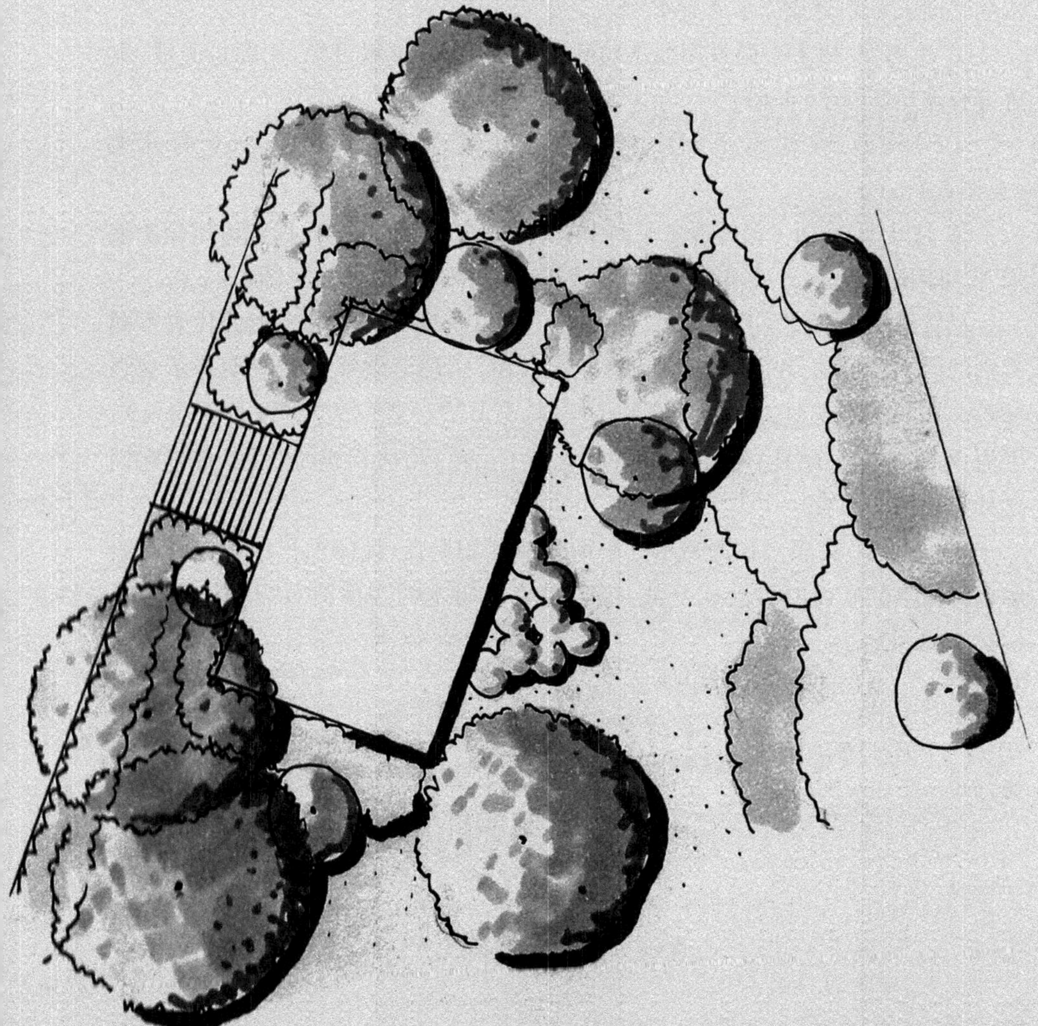

本章主要讲述园林植物、水体、山石、地形及建筑在图纸上的表现形式，尤其是平面图的表现。

5.1 园林植物的表现方法

5.1.1 植物的二维表示方法

(1) 乔木的表示方法

1) 乔木的平面表示方法

乔木的平面表示可以以树干位置为圆心、树冠平均半径为半径作圆，再加以表现。其表现手法很多，表现风格变化也很大。根据不同的表现手法可将乔木的平面表示划分成以下 4 种类型。

① 轮廓型：树木平面只用线条勾勒出轮廓，线条可粗可细，轮廓可光滑，也可带有缺口（见图 5-1 a）。

② 分枝型：在树木平面中只用线条的组合表示树枝或枝干的分叉（见图 5-1 b）。

③ 枝叶型：在树木落叶乔木平面中既表示分枝又表示冠叶，树冠可用轮廓表示，也可用质感表示。只用线条的组合或排列表示树冠的质感（见图 5-1 c）。

尽管树木的种类可用名录详细说明，但通常仍用不同的表现形式代表不同类别的树木。例如，用分枝型表示落叶阔叶树，用加上斜线的轮廓型表示常绿树等。在各种表现形式上着不同的色彩时，会具有更强的表现力（参看彩页），因而，有些树木平面具有装饰图案的特点。当表示几株相连时，可以看作它们是几种类型的组合。

④ 质感型：在表示相同树木的平面时应互相避让，使图面形成整体。当表示成群树木的平面时可连成一片，当表示成林树木的平面时可只勾勒林缘线（见图 5-1 d）。

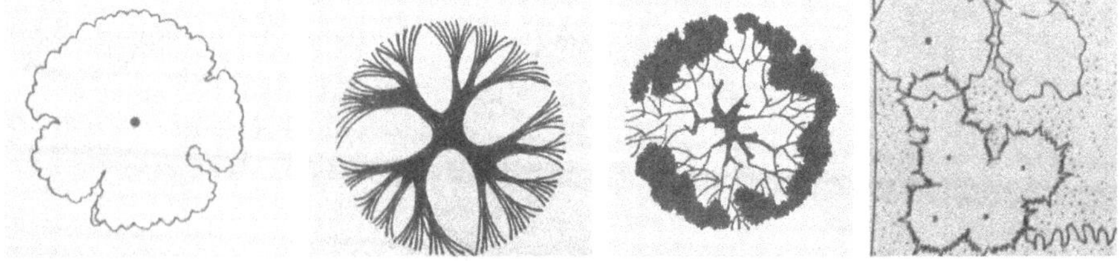

(a) (b) (c) (d)

图 5-1 乔木的平面图例

园林植物根据叶片的不同,分为阔叶树和针叶树。自然它们的平面表示方法也是不同的。

阔叶树的树冠线一般为圆弧线或波浪线,且常绿的阔叶树多表现为生长有浓密的叶子,或在树冠内加画平行斜线;落叶的阔叶树多用枯枝表现,阔叶树常用图例如图 5-2 所示。针叶树常以带有针刺状的树冠来表示,若为常绿的针叶树,则在树冠线内加画平行的斜线,针叶树常用图例如图 5-3 所示。

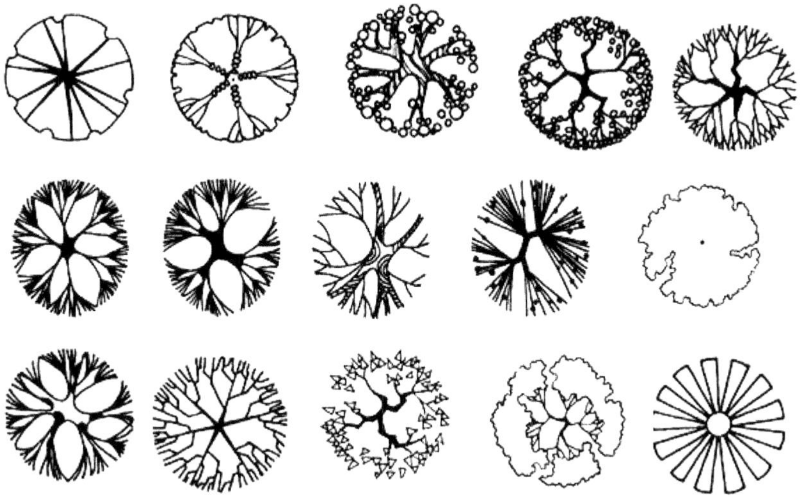

图 5-2 阔叶植物平面图例

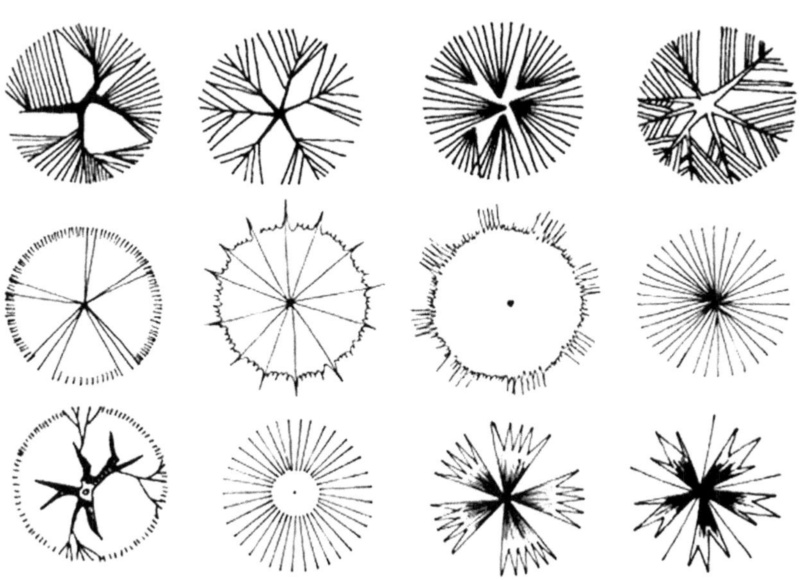

图 5-3 针叶植物平面图例

2）树冠的避让

为了使图面简洁清楚、避免遮挡，基地现状资料图、详图或施工图中的树木平面可用简单的轮廓线表示，有时甚至只用小圆圈标出树干的位置。在设计图中，当树冠下有花台、花坛、花境或水面、石块和竹丛等较低矮的设计内容时，树冠平面也不应设计得过于复杂，要注意避让，不要挡住下面的内容，如图 5-4 所示。但是，若只是为了表示整个树木群体的平面布置，则可以不考虑树冠的避让，应以强调树冠平面为主。

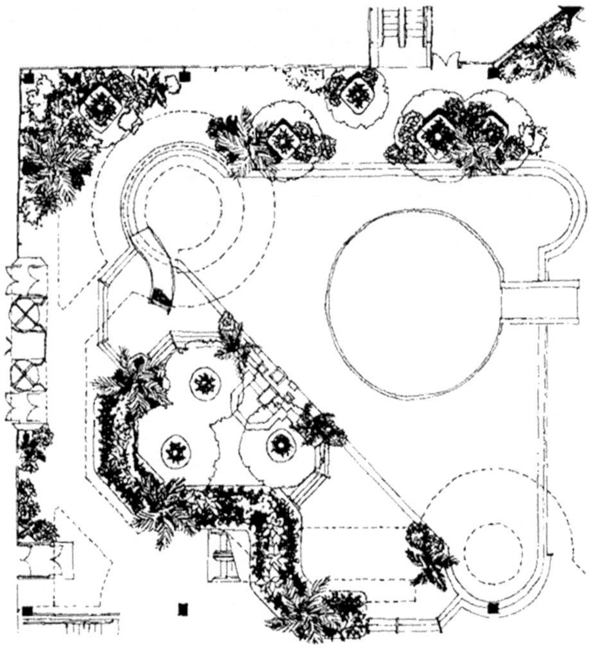

图 5-4　树冠的避让①

3）树木的平面表示方法

树木的落影是平面树木重要的表现方法，它可以增加图面的对比效果，使图面明快，有生气。树木的平面落影与树冠的形状、光线的角度和地面条件有关，在园林图中常用落影圆表示，有时也可根据树形稍做变化。

树木的落影的具体表示方法：先选定平面光线的方向，定出落影量，以等圆做树冠圆和落影圆，然后擦去树冠下的落影，将其余的落影涂黑，并加以表现，如图 5-5 所示。对不同质感的地面可采用不同的树冠落影表现方法。

① 刘晨澍，刘艳伟：《手绘景观设计表现技法》，江西美术出版社，2010 年，第 84 页。

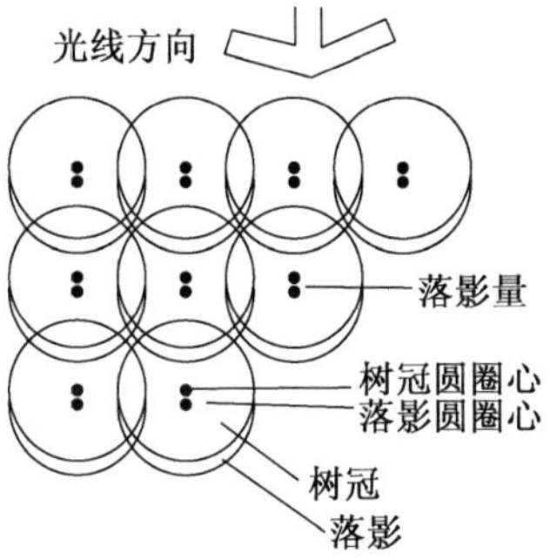

(a) 草稿

(b) 擦除树冠下的落影

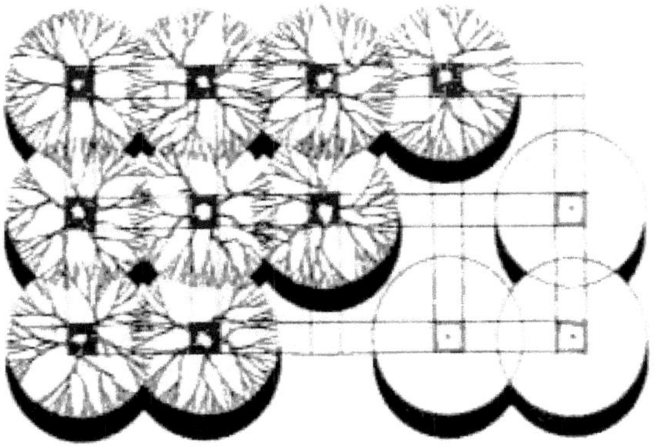

(c) 表现图

图 5-5 树木落影方法①

4）树木的立面表示方法

树木的立面表示方法也可分为轮廓、枝干和枝叶等类型（见图 5-6 a），但有时区分并不十分严格。树木的立面表现形式有写实的（见图 5-6 a），也有图案化的（见图 5-6 b）或稍加变形的（见图 5-6 c），其风格应与树木平面和整个图面相一致（见图 5-7）。

① 刘晨澍：《手绘景观表现技法》，江西美术出版社，2010 年，第 83 页。

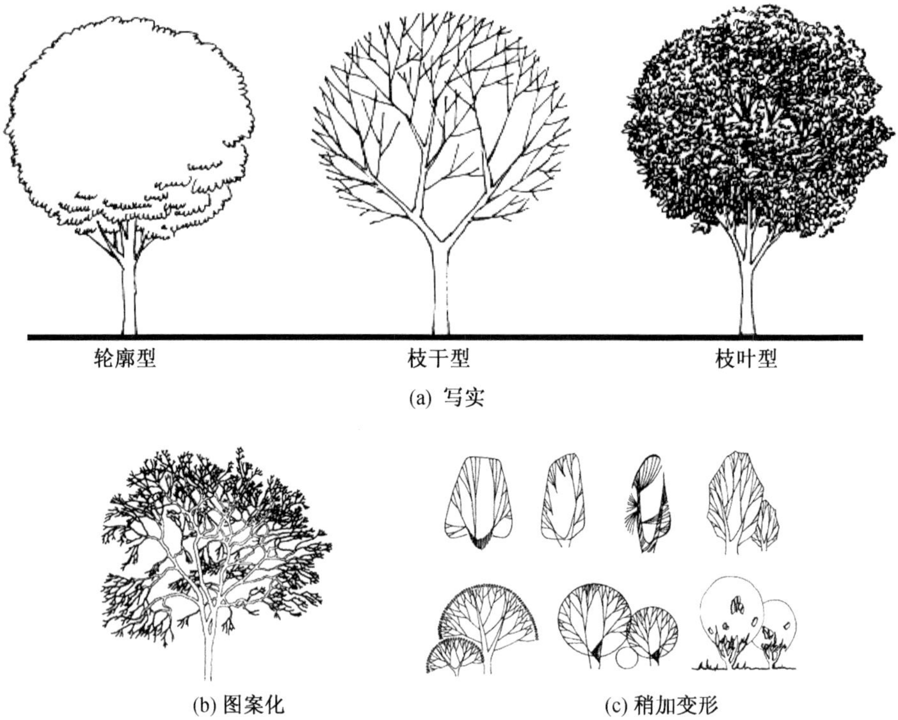

图 5-6　乔木立面图

图 5-7　树木立面表示

5）树木的平立面统一

树木在平面、立（剖）面图中的表示方法应相同，表现手法和风格应一致，并保证树木的平面冠径与立面冠幅相等、平面与立面对应、树干的位置处于树冠圆的圆心（见图 5-8）。这样做出的平面、立（剖）面图才和谐。

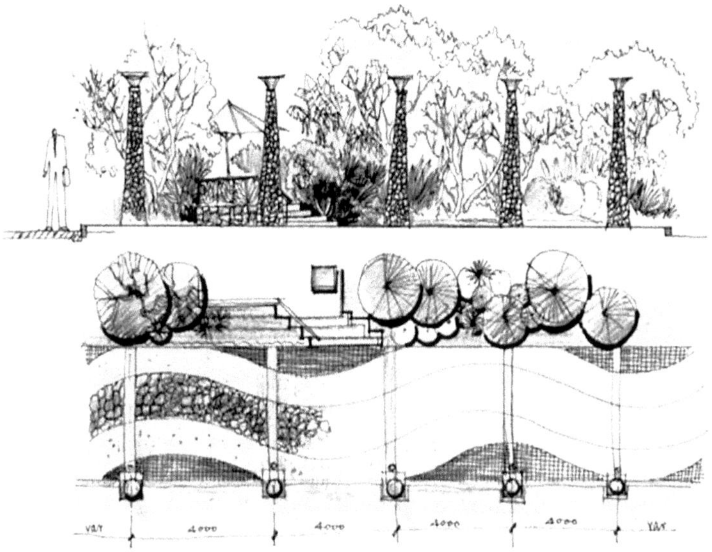

图 5-8 树木的平立面统一①

(2) 灌木和地被的表示方法

灌木没有明显的主干，平面形状有曲有直。自然式栽植的灌木丛的平面形状多不规则，修剪的灌木和绿篱的平面形状多为规则的或不规则但平滑的。灌木的平面表示方法与树木类似，通常修剪规整的灌木可用轮廓、分枝或枝叶型表示，不规则形状的灌木宜用轮廓型和质感型表示，表示时以栽植范围为准。由于灌木通常丛生、没有明显的主干，因此灌木平面很少会与树木平面相混淆。灌木的立面表面如图 5-9 所示。地被宜采用轮廓勾勒和质感表现的形式。作图时应以地被栽植的范围线为依据，用不规则的细线勾勒出地被的范围轮廓。

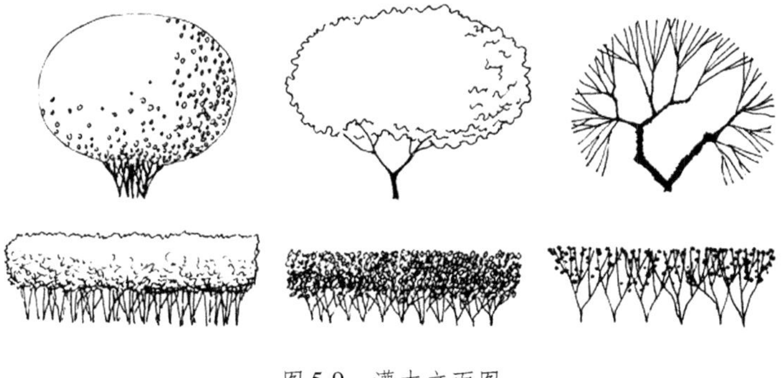

图 5-9 灌木立面图

① 刘晨澍：《手绘景观表现技法》，江西美术出版社，2010 年，第 128 页。

(3) 草坪和草地的表示方法

草坪和草地的表示方法很多,如图 5-10 所示。

① 打点法:此法是较简单的一种表示方法。用打点法画草坪时所打的点的大小应基本一致,无论疏密,点都要打得相对均匀。

② 小短线法:小短线排列成行,每行之间的间距相近,排列整齐的可用来表示草坪,排列不规整的可用来表示草地或管理粗放的草坪。

③ 线段排列法:线段排列法也是较常用的方法,要求线段排列整齐,行间有断断续续的重叠,也可稍许留些空白或行间留白。另外,也可用斜线排列表示草坪,排列方式可规则,也可随意。

用小短线法或线段排列法表示草坪时,应先用淡铅在图上做平行稿线,根据草坪的范围可选用 2 ~6 mm 间距的平行线组。若有地形等高线时,也可按上述的间距标准,依地形的曲折方向勾绘稿线,并使得相邻等高线间的稿线分布均匀。最后,用小短线或线段排列起来即可。草坪和草地的表示方法除上述三种外,还可采用乱线法或 M 形线条排列法。

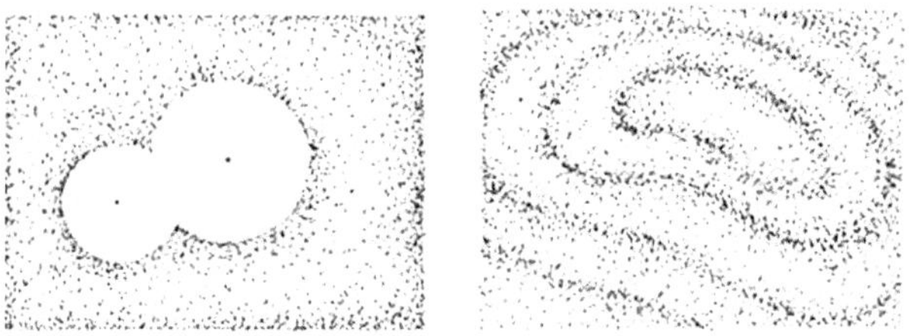

(a) 打点法

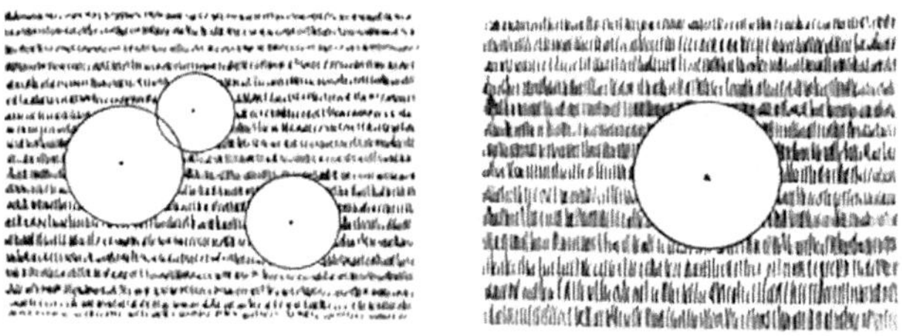

(b) 小短线法

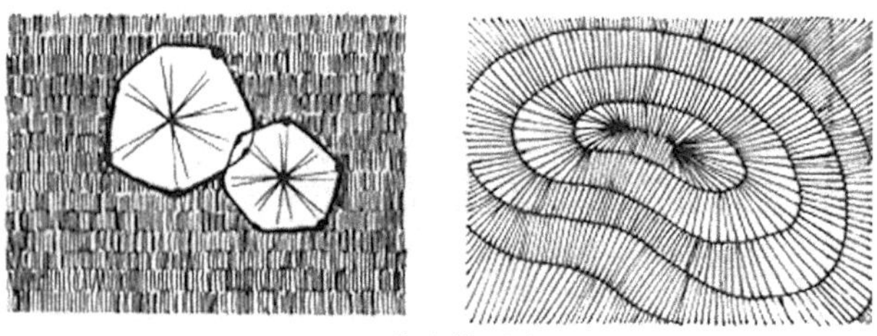

(c) 线段排列法

图 5-10　草坪的表示方法

5.1.2 园林植物的透视画法

(1) 乔木和灌木的画法

画乔灌木总的来讲主要有两种方法:一是明暗画法,以光影形式表现树的体积;二是以线造型,用线条表现树的姿态(见图5-11)。

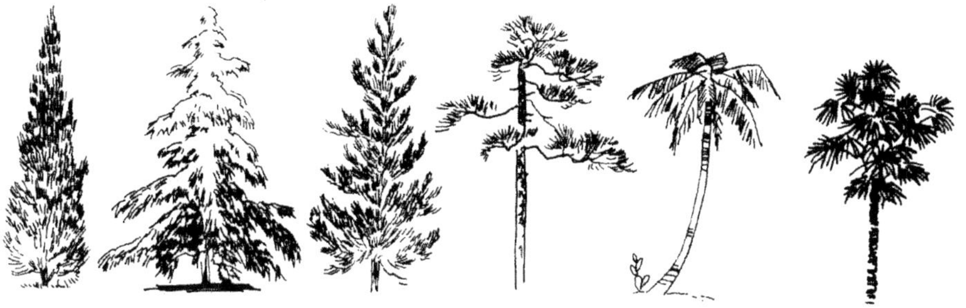

图5-11 乔木的透视画法

画树,必须先了解树,到自然中去仔细观察树,了解其生长规律和形态特征。树木一般可分成5个部分,根、干、枝、梢、叶;从树的形态特征看,有缠枝、挺干、屈枝、细裂、节疤等;树叶有"互生""对生""轮生"的区别;树干皮纹有"鱼鳞纹""豆瓣纹""横纹""解索纹"等。画树的步骤:

① 确定树木的高宽比,画出四边形外框,若外出写生则可伸直手臂,用笔目测出大约的高宽比和干冠比。

② 略去所有细节,只将整株树木作为一个简洁的平面图形,抓住主要特征修改轮廓,明确树木的枝干结构。

③ 分析树木的受光情况。

④ 选用合适的线条去体现树冠的质感和体积感,主干的质感和明暗,并用不同的笔法表现远、中、近景中的树木。

(2) 中、远、近景的画法

在画中景、远景的树时,一般采用光影画法,就是将树视为一个整体,按不同的树种将其归类为柱形、锥形、伞形等基本形体,画出其在阳光下的效果,目的在于表现树的体积和整体树形(见图5-12)。

在画近景的树时,一般中西画法兼用,以表现枝干穿插关系为主,要点有:

① 清楚表达枝、干、根各自的转折关系。

② 画枝干上下多曲折,不要单用直笔。

③ 嫩枝、小树用笔可稍快且灵活,老干结构多,显苍老。

④ 用笔用线要有节奏感。

⑤ 树分4枝,是指一棵树应有前后左右四面伸展的枝梢,方有立体感。树分4枝当然不是指绘制时四面平均对待,而是要懂得四面出枝的道理,即使只画三两枝,树也有四面感,树枝也有疏密感;

⑥ 整幅画表现技法应统一。

图5-12 近、中、远景树的表现

5.2 水面、山石与地形的表现

5.2.1 水面的表示方法

水面表示方法有线条法、等深线法、平涂法和添景物法等,前三种为直接的水面表示法,最后一种为间接的水面表示法。

(1) 线条法

用工具或徒手排列的平行线条表示水面的方法称线条法(见图5-13)。作图时,既可以将整个水面全部用线条均匀地布满,也可以只在局部画些线条,或者局部留白。线条可采用波纹线、水纹线、直线或曲线。组织良好的曲线还能表现出水面的波动感。

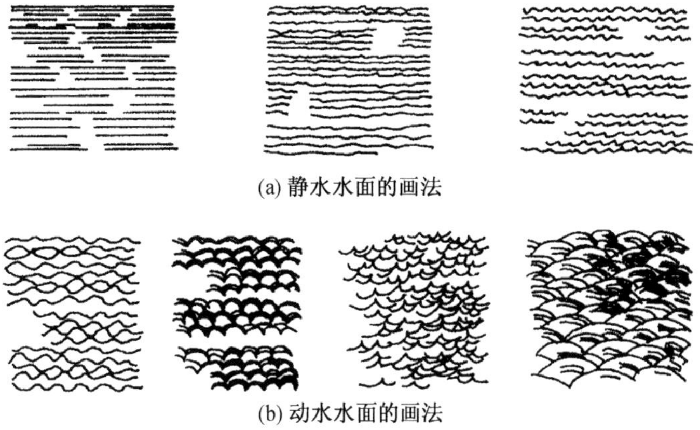

图 5-13　水面线条法

(2) 等深线法

在靠近岸线的水面中,依岸线的曲折作二三根曲线,这种类似等高线的闭合线称为等深线(见图 5-14)。通常形状不规则的水面用等深线表示。

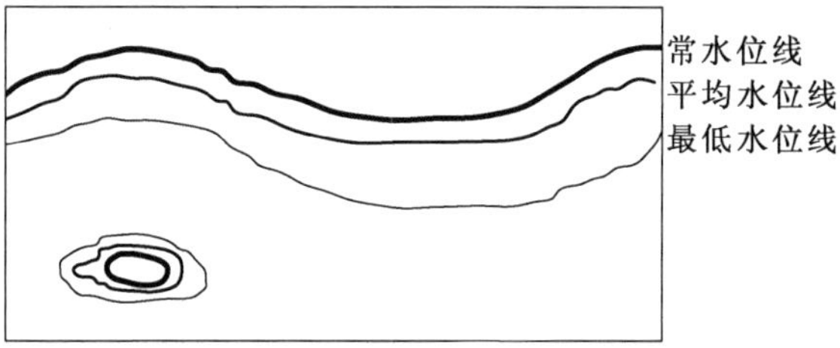

图 5-14　水面等深线法

(3) 平涂法

用水彩或墨水平涂表示水面的方法称平涂法(见图 5-15,参见彩图)。用水彩平涂时,可将水面渲染成类似等深线的效果。先用淡铅做等深线稿线,等深线之间的间距应比等深线法大些,然后再一层层地渲染,使离岸较远的水面颜色较深。

图 5-15　水面平涂法

（4）添景物法

添景物法是利用与水面有关的一些内容表示水面的一种方法（见图 5-16，参见彩图）。与水面有关的内容包括水生植物（如荷花、睡莲）、水上活动工具（如湖中的船只、游艇）、码头和驳岸、露出水面的石块及其周围的水纹线、石块落入湖中产生的水圈等。

图 5-16　填景物法

5.2.2　景石的表现方法

平面、立面图中的石块通常只用线条勾勒轮廓，很少采用光线、质感的表现方法，以免零乱。用线条勾勒石块时，轮廓线要粗，石块面、纹理可用较细浅的线条稍加勾绘，以体现石块的体积感。不同的石块，其纹理不同，有的圆浑，有的棱角分明，在表现时应采用不同的笔触和线条（见图 5-17）。剖面上的石块，轮廓线应用剖断线,石块剖面上还可加上斜纹线。

图 5-17 石块的表示方法①

5.3 地形的表现方法

地形的平面表示主要采用图示和标注的方法。等高线法是地形最基本的图示法,在此基础上可获得地形的其他直观表示法。高程标注法则主要用来标注地形上某些特殊点的高程。

(1) 图示法

1) 等高线法

等高线法是以某个参照水平面为依据,用一系列假想的等距离水平面切割地形后所获得的交线的水平正投影(标高投影)图表示地形的方法(见图5-18)。两相邻等高线切面之间的垂直距离 h 称为等高距,水平投影图中两相邻等高线之间的垂直距离称为等高线平距,平距与所选位置有关,是个变值。地形等高线图上只有标注比例尺和等高距后才能解释地形。一般的地形图中只用两种等高线,一种是基本等高线,称为首曲线,常用细实线表示;另一种是每隔四根首曲线加粗一根并注上高程的等高线,称为计曲线。有时为了避免混淆,原地

① 图片来源于:www.yuanlin8.com。

形等高线用虚线，设计等高线用实线。

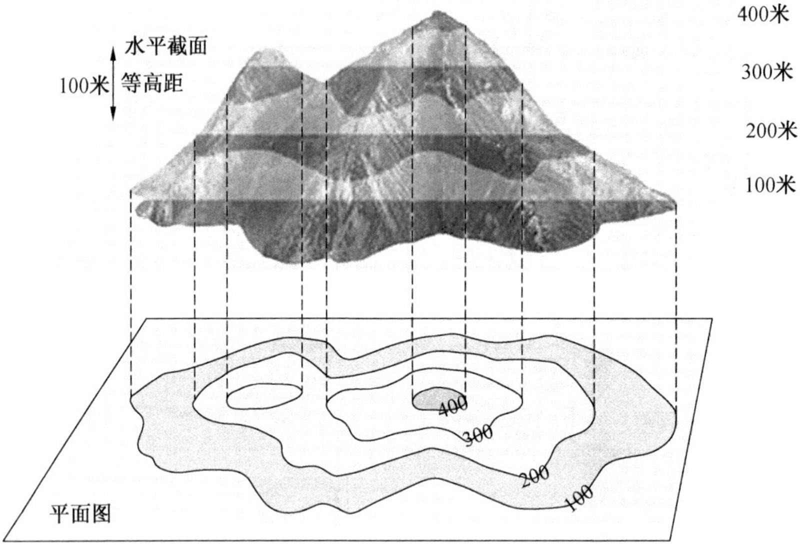

图 5-18　等高线示意图

2）坡级法

在地形图上，用坡度等级表示地形的陡缓和分布的方法称作坡级法。这种图式方法较直观，便于了解和分析地形，常用于基地现状和坡度分析图中。坡度等级根据等高距的大小、地形的复杂程度及各种活动内容对坡度的要求进行划分。

首先，定出坡度等级。即根据拟定的坡度值范围，用坡度公式 $\alpha=(h/l)\times 100\%$，算出临界平距 15%，110% 和 120%，划分出等高线平距范围。然后，用硬纸片做的标有临界平距的坡度尺或者直尺去量找相邻等高线间的所有临界平距位置。量找时，应尽量保证坡度尺或直尺与两根相邻等高线相垂直，当遇到间曲线中用虚线表示的等高距减半的等高线时，临界平距要相应地减半。最后，根据平距范围确定出不同坡度范围（坡级）内的坡面，并用线条或色彩加以区别，常用的区别方法有影线法和单色或复色渲染法。

3）分布法

分布法是地形的另一种直观图示表示法，其将整个地形的高程划分成间距相等的几个等级，并用单色加以渲染，各高度等级的色度随着高程从低到高的变化也逐渐由浅变深。地形分布法主要用于表示基地范围内地形变化的程度、地形的分布和走向。

（2）高程标注法

当需表示地形图中某些特殊的地形点时，可用十字或圆点标记这些点，并在标记旁注上该点到参照面的高程，高程常注写到小数点后第二位，这些点常处于等高线之间，这种地形表示法称为高程标注法。高程标注法适用于标注建筑物的转角、墙体和坡面等顶面和底面的高程，以及地形图中最高和最低等特殊点的高程。因此，场地平整、场地规划等施工图中常用高程标注法。

做地形剖面图时，先根据选定的比例结合地形平面做出地形剖断线，然后绘出地形轮廓线，并加以表现，便可得到较完整的地形剖面图。下面着重介绍地形剖断线和轮廓线的做法。

1）地形剖断线的做法

作地形剖断线的方法较多，此处只介绍一种简便的做法。首先，在描图纸上按比例画出间距等于地形等高距的平行线组，并将其覆盖到地形平面图上，使平行线组与剖切位置线相吻合，然后，借助丁字尺和三角板做出等高线与剖切位置线的交点，再用光滑的曲线将这些点连接起来并加粗加深，即得到地形剖断线（见图5-19）。

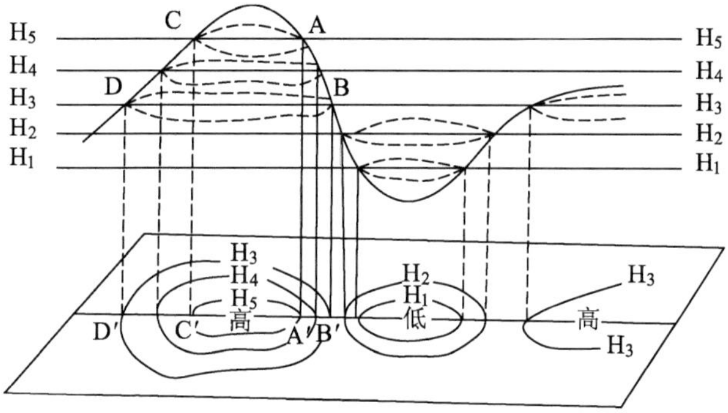

图5-19　地形剖断线

2）垂直比例

剖面图的水平比例应与原地形平面图的比例一致，垂直比例可根据地形情况适当调整。当原地形平面图的比例过小、地形起伏不明显时，可将垂直比例扩大5～20倍。采用不同的垂直比例所做的地形剖面图的起伏不同，且水平比例与垂直比例不一致时，应在地形剖面图上同时标出这两种比例。当地形剖面图需要缩放时，最好分别加上图示比例尺。

3）地形轮廓线

在地形剖面图中，除需表示地形剖断线外，有时还需表示地形剖断面后没有剖切到但又可见的内容。可见地形用地形轮廓线表示。做地形轮廓线实际上就是做该地形的地形线和外轮廓线的正投影。树木投影的做法:将所有树木按其所在的平面位置和所处的高度(高程)定到地面上,然后做出这些树木的立面,并根据前挡后的原则擦除被挡住的图线,描绘出留下的图线即得树木投影。有地形轮廓线的剖面图的做法较复杂,若不考虑地形轮廓线,则相对容易些。因此,在平地或地形较平缓的情况下可不做地形轮廓线,当地形较复杂时应做地形轮廓线,如图 5-20 所示。

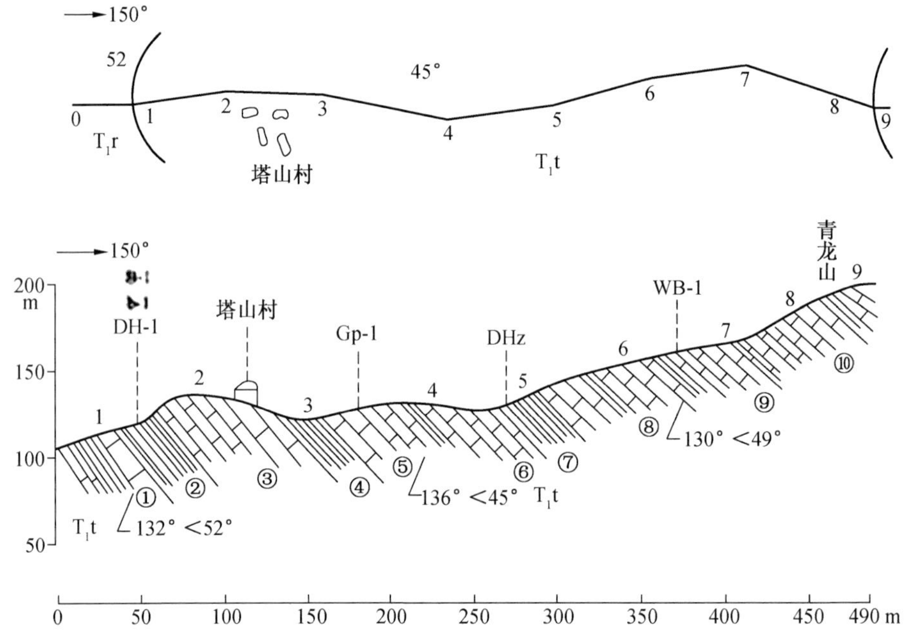

图 5-20 地形轮廓线

作业

○ 类型:园林庭院抄绘

要求:抄绘图 5-21 与图 5-22。

图 5-21 作业一

图 5-22 作业二

6 园林要素设计

有人认为园林构成要素分为自然景观要素与历史人文景观要素。其中，自然景观要素包括土地、水、生物与天文气象，历史人文景观要素包括名胜古迹景观、民俗文化景观、文物艺术景观与地方文化景观。

也有人按照要素是否具有生命而做出以下分类：

① 地形、水体等无生命的为自然景物；

② 建筑、小品、道路及其他为硬质景观；

③ 树木、花卉、鸟兽虫鱼等有生命的为自然景物。

更多的学者习惯说园林是4大要素（山石、植物、建筑与水体）或5大要素（地形，也称园路；水体；植物和建筑，包含小品与山石）的综合体。

6.1 园林地形设计

地形是园林的基底和骨架，造园必相地立基，方可得体。地形又可分为陆地和水体两部分。

6.1.1 地形的景观作用

（1）分隔空间

利用地形可以有效地、自然地划分空间，使之形成具有不同功能或景色特点的区域。

（2）控制视线

地形能在景观中将视线导向某一特定点，影响某一固定点的可视景物和可见范围，形成连续观赏或景观序列，及达到完全封闭通向不悦景物视线的目的。

（3）美学功能

建筑、植物水体等景观要素常常都以地形作为依托。如凸、凹地形的坡面可作为景物的背景，通过视距的控制保证景物与地形之间具有良好的构图关系。

6.1.2 地形分类

（1）平坦地形

所谓“平坦地形”就是指那些看起来是“水平”的地面，有微小的坡度或轻微起伏，也算作“平坦”。平坦地形往往具有稳定、中性、平衡、愉快、重心平衡的特性。

（2）凸地形

以土丘、丘陵、山峦及山峰等地表形式展现的地形，叫凸地形。在凸地形上能产生对某人或某物的更强的尊敬感。因此，教堂、政府大楼和其他重要建筑物，常耸立在凸地形的顶部。

（3）山脊

山脊是与凸地形相类似的另一种地形脊地。山脊总体上呈线状，较凸地形开头更加紧凑、集中，是凸地形的“深化”变体。沿山脊线有许多视野供给点，这些视野点使这些地方成为理想的建筑点。

（4）凹地形

凹地形在景观中被称为碗状洼地，其空间感很强。与凸地形相连接时，可完善地形布局。它是内向性、不受外界干扰的空间，可将人的注意力集中在其中心或底层，具有侵害、封闭和私密感等特点。其空间制约程度取决于周围坡度的陡峭度、高度和空间的宽度。

（5）谷地

谷地综合了某些凹地形的特点，与凹地形相似。其具有实空间的功能，可进行多种活动；也与脊地相似，呈线状，具有方向性。

6.1.3 地形和视线

地形的起伏不仅丰富了景观，而且创造了不同视线条件，形成了不同性格的空间。它们在组织视线和创造空间上也具有不同的作用。

（1）平坦地形

平坦地形的视线开阔，可根据设计者的需要做出开敞空间、半开敞空间或私密空间。

（2）凸地形和凹地形

① 凸地形：一般来说，凸地形较高的顶高和陡峭的坡面，强烈限制着空间。它一方面可组织成为观景之地，另一方面又可组织成为造景之地；另外，当高处的景物达到一定体量时还能产生一种控制感。

② 凹地形：凹地形因其比周围环境的地形低，所以视线通常封闭。凹地形的低凹处能聚集视线，可精心布置景物。凹地形坡面既可观景，也可布置景物。

6.1.4 地形的利用与改造

（1）地形的利用

《园冶》论：“高方欲就亭台低凹可开池沼。”说的是利用现状地形稍加改造即成园景。地形的主要作用有控制视线、排水、创造不同气候条件。

（2）地形的改造

地形的理想比例为水面$\frac{1}{3}\sim\frac{1}{4}$；陆地$\frac{2}{3}\sim\frac{3}{4}$，其中，平地$\frac{1}{2}\sim\frac{2}{3}$、山地丘陵$\frac{1}{3}\sim\frac{1}{2}$。

（3）地形处理应考虑的因素

① 根据城市主干道、人流关系确定入口的位置与标高等。

② 对原地形以利用为主，改造为辅。

③ 符合功能活动的要求。

④ 满足角度关系、坡度关系、技术关系等各种地形设计要点。

（4）园林地形设计的原则和步骤

原则：① 利用为主，改造为辅；② 因地制宜，顺其自然；③ 坚持节约；④ 符合自然规律与艺术要求。

地形设计步骤包括准备工作和设计工作。

1）准备工作

① 园林用地及用地附近的地形图。地形设计的质量在很大程度上取决于地形图的正确性。

② 搜集城市市政建设各部门的道路、排水、地上地下管线及附近主要建筑的关系等资料，以便合理解决地形设计与市政建设其他设施可能发生的矛盾。

③ 搜集园林用地及其附近的水文、地质、土壤、气象等现况和历史相关资料。

④ 了解当地施工力量包括人力、物力和机械化程度等。

⑤ 现场踏勘。

2）设计工作

设计阶段的工作主要包含：

① 施工地区等高线设计图（或用标高点进行设计）。图纸平面比例采用1∶200～1∶500，设计等高线差为0.25～1 m。图纸上要求标明各项工程平面位置的详细标高，如建筑物、绿地的角点、园路、广场的转折点等，并表示出该地区的排水方向。

② 土方工程施工图。要注明进行土方施工各点的原有标高和设计标高，做出填方、挖方调配表。

③ 园路、广场、堆山、挖湖等土方施工项目的施工断面图。

④ 土方量计算表。可用求体积公式计算,或用方格网法估算。

⑤ 工程预算表。

⑥ 说明书。

6.2 园路设计

6.2.1 园路概述

古人云园路:"国道如砥,其直如矢""匠人云国,方九里,旁三门,国中九经九纬,经涂九轨,环涂七轨,野涂五轨""鹅子石,宜铺于不常走处""乱青版石,斗冰裂纹,宜于山堂、水坡、台端、亭际"。可见,自古以来园路的设计都是造园的重要一环。

(1) 定义

园路为在园中起交通组织、引导游览、停车等作用的带状、狭长形的硬质地面。园路就好像是人体的脉络,贯穿于各景区的景点之间。

(2) 作用

① 组织空间、引导游览(有路必有景);② 组织交通(组织车、人流区观赏景观;③ 构成园景(路与绿地);④ 为水电工程打基础(任何道路的设置都是为了方便排水、供电、给水)。

6.2.2 园路类型与尺度

(1) 园路的类型

按使用功能及宽度不同可分为主园路、次园路和小路,如表 6-1 所示。

表 6-1

类型	宽度/m	主要功能
主园路	4 ~ 6	车行,连接景区与场地里最主要的景点(见图 6-1)
次园路	2 ~ 4	景区里连接各景点道路,能通小车,但以步行为主
小路	1.2 ~ 2	达到每一景点的路(见图 6-2)

图 6-1　主园路

图 6-2　小路

按照不同的材料，园路分为以下类型：

① 整体路面，包括水泥混凝土路面和沥青混凝土路面。

② 块料路面，由各种大块方砖、天然块石或各种带有花纹图案的预制块料铺筑而成，分为石材路面、预制混凝土块路面、铺砖路面。

③ 碎料路面：路面用各种不规则的碎石、瓦片、卵石等组成图案精美、色彩丰富的各种纹理。

（2）园路的尺度

人体工程学中详细介绍了男人、女人、儿童的人体数据，以及各种相关的工作、学习、生活场所的状态，如图 6-3 所示。现代园林设计中广泛运用人体工程学中的建议尺寸作为设计的参考和依据，园路更合理和实用。

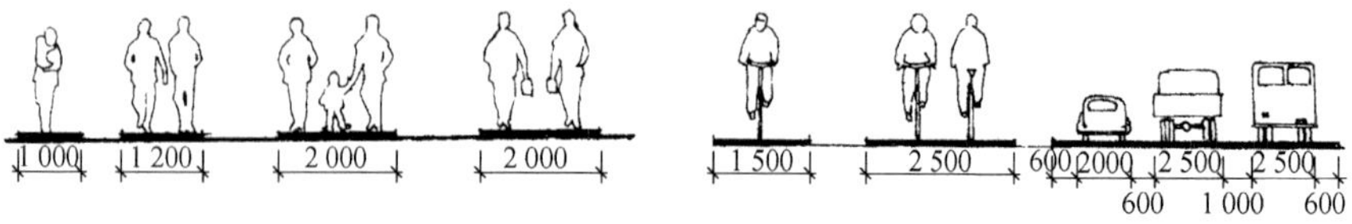

图 6-3　人体工程学中的数据

6.2.3 园路线性设计

(1) 园路风格

园路的风格取决于园林绿地的规划形式,规划形式分以下两种:

① 规则式:直线或者有轨迹可循的曲线路。

② 自然式:无轨迹可循的自由曲线和宽窄不定的变形路。

(2) 园路系统布局

园路系统一般分以下 3 种:

① 套环式园路系统:一般综合性公园多采用此系统(见图 6-4)。

② 条带式园路系统:多在林荫道、河滨公园等带状公共绿地中采用(见图 6-5)。

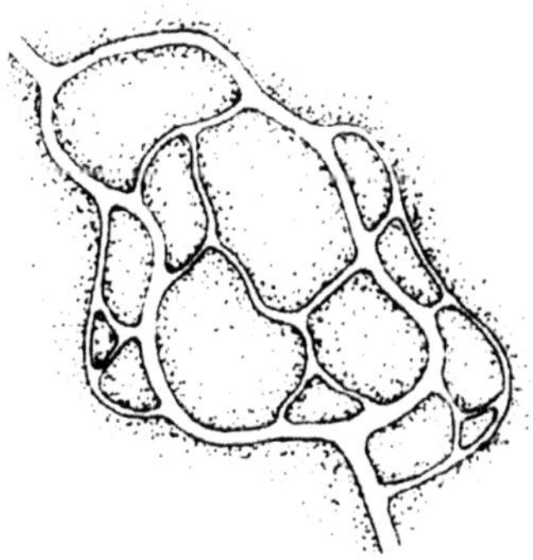

图 6-4 套环式园路系统

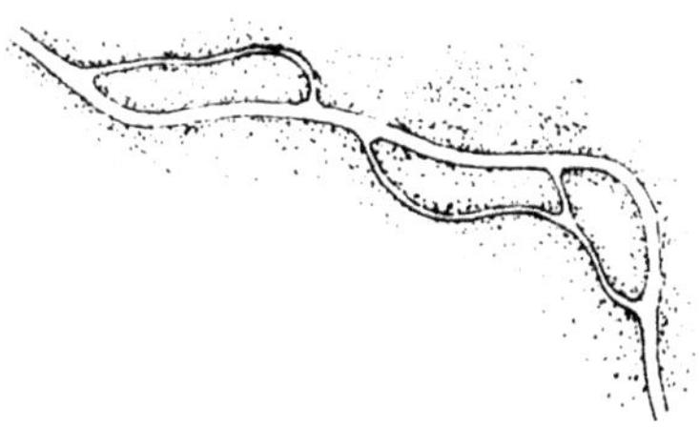

图 6-5 条带式园路系统

③ 树枝式园路系统:多在以山谷、河谷地形为主的风景区和市郊公园中采用(见图 6-6)。

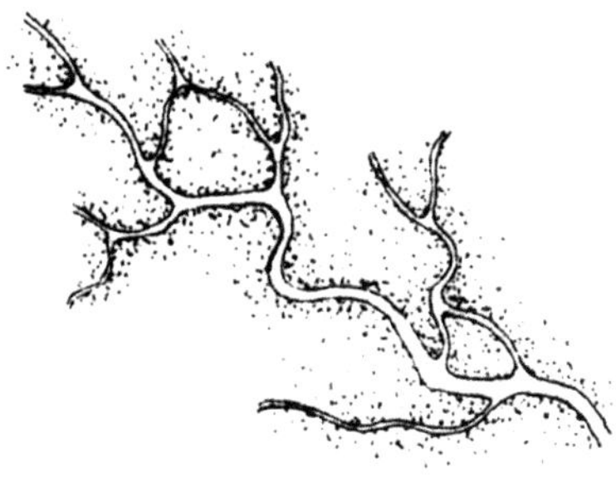

图 6-6 树枝式园路系统

(3) 设计原则

① 考虑园路的交通性和游览性:交通功能从属于游览要求。主园路以交通为主、游览为辅;游览性方面,园林道路是组成导游路线的主干。

② 园林道路的布置必须主次分明，有主有次。

③ 园林道路的布置必须因地制宜。地形地貌往往决定了园林道路系统的形式，如狭长路以带状形式展现；山水地形以套环式道路系统展现。

④ 园林道路的疏密要求（道路占规划总面积的 10% ~12%）：安静区、地形复杂区、生态地、人流量小的区域园路设置应以疏为宜；文艺区、展览区、地形平坦处、人流量大的区域园路设置应以密为佳。

⑤ 园路曲折迂回有原因。有功能性要求，如减缓坡度、障景、穿越溪流、串联景点；也有表达园林意境的要求，如曲径通幽、山林漫步、穿行山间等。

6.2.4 园路的具体线型设计

（1）宽度的确定

不同级别公园其园路宽度如表 6-2 所示。

表 6-2 园路尺寸参照表

园道路级别	公园陆地面积（h/m^2）			
	< 2	2 ~ 10	10 ~ 50	> 50
主园路	2.0 ~ 3.5	2.5 ~ 4.5	3.5 ~ 5.0	5.0 ~ 7.0
次园路	1.2 ~ 2.0	2.0 ~ 3.5	2.0 ~ 3.5	3.5 ~ 5.0
小路	0.9 ~ 1.2	0.9 ~ 2.0	1.2 ~ 2.0	1.2 ~ 3.0

（2）园路平曲线及转弯半径设计

在直线形园路中，当道路由一段直线转向另一段直线时，其转角的连接部分，均应采用圆弧形曲线（见图 6-7）。园路平面的这些圆弧形曲线形式叫园路平曲线。这种圆弧的半径，称为平曲线半径。图 6-8 为适应各种不同汽车的园路平曲线半径数据。

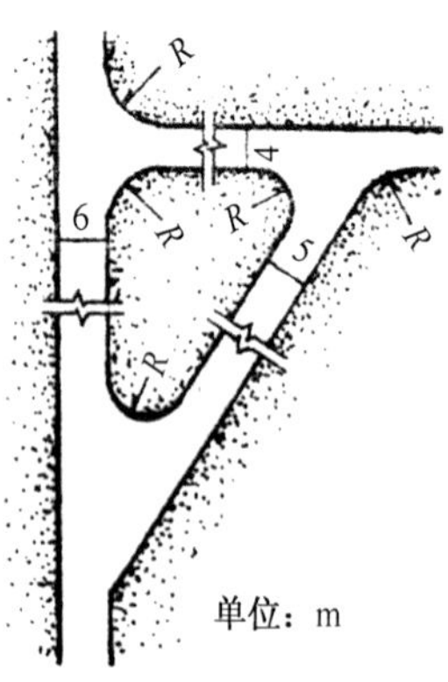

图 6-7 园路平曲线

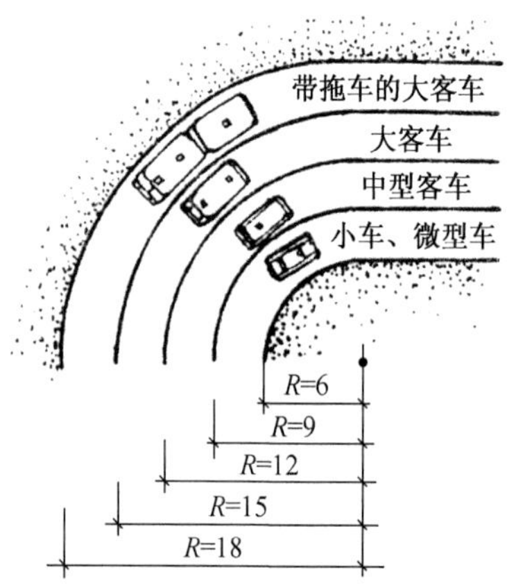

图 6-8 适应不同汽车的园路平曲线半径

道路平曲线的形状应符合游人平缓自如转弯的习惯，弯道曲线要流畅，曲率半径要适当，不能过分弯曲，不得矫揉造作。道路转弯半径的选择如表6-3所示。

表6-3 转弯半径的选择

园路类型	一般平曲线半径/m	最小平曲线半径/m
小路	3.5～20.0	2
次园路	6.0～30.0	5
主园路	10.0～50.0	8
汽车主园路	15.0～70.0	12
风景区车路	18.0～100.0	15

（3）园路路口设计

① 规则式园路系统：其十字路口比较多，但从导游性考虑，路口应少设置十字路口，多设置三岔路口。在路口处，要尽量减少相交道路的条数，避免路口过于集中。

② 自然式园路系统：以三岔路口为主。在自然式系统中过多采用十字路口，会降低园路的导游特性，甚至造成游览路线的紊乱。

（4）园路相交形式设计

园路相交时主要遵循以下原则：

① 主次分明。在宽度、铺装、走向上应有明显区别。

② 要有景色和特点。尤其在三岔路口，可形成对景，让人记忆深刻。图6-9两者同为三岔路口的景观处理，前者采用色彩鲜艳的矮牵牛与花钵、景石共同组景，效果明显优于后者（仅单一种植云南黄馨）。

③ 避免多路交叉。这样会造成路况复杂，导向不明（见图6-10）。

④ 尽量靠近正交。锐角过小，车辆不易转弯，人行要穿绿地。

(a) (b)

图6-9 三岔路的景观处理

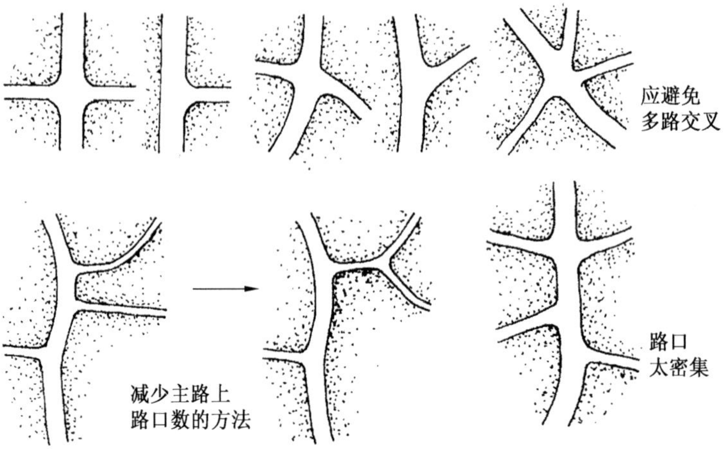

图 6-10　相交园路的设计

园路交叉口中央设计有花坛、花台时,各条道路都要以其中心线与花坛的轴心相对,不要与花坛边线相切。路口的平面形状应与中心花坛的形状相似或相适应。具有中央花坛的路口,都应按照规则式地形进行设计,如图 6-11 所示。

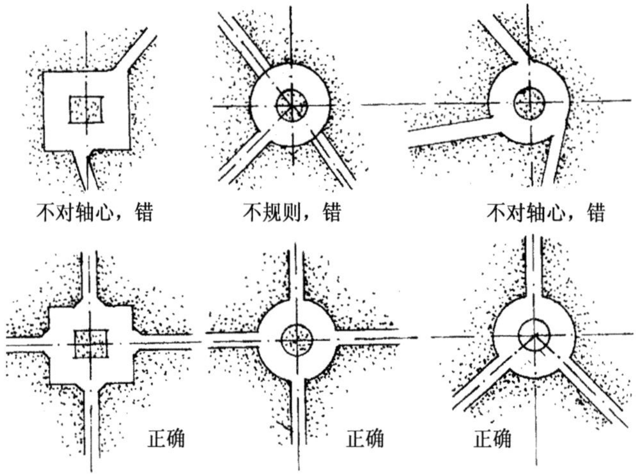

图 6-11　中央花坛路口的设计

(5) 园路与建筑物的交接

在园路与建筑物的交接处,常常形成路口。一般在建筑近旁设置一块较小的缓冲场地,园路则通过这块场地与建筑相交接。主要有侧对交接(见图 6-12)和正对交接(见图 6-13)两种方式。

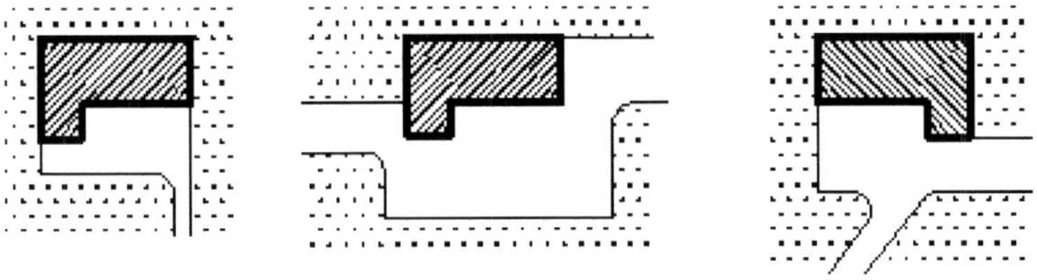

图 6-12 侧对交接

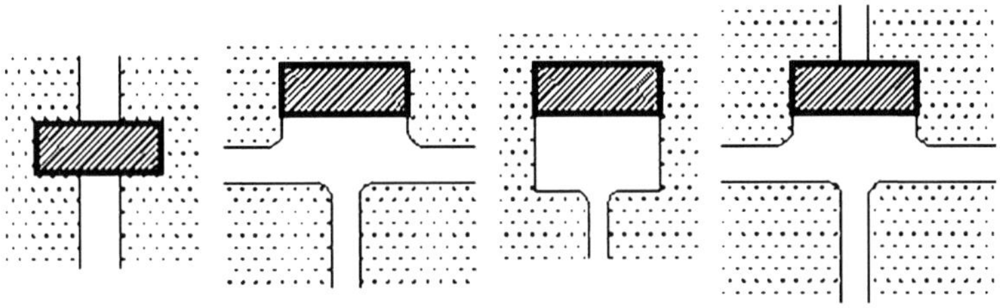

图 6-13 正对交换

（6）园路与园林场地的交接

园路与园林场地的交接方式常有以下 3 种，如图 6-14 所示。

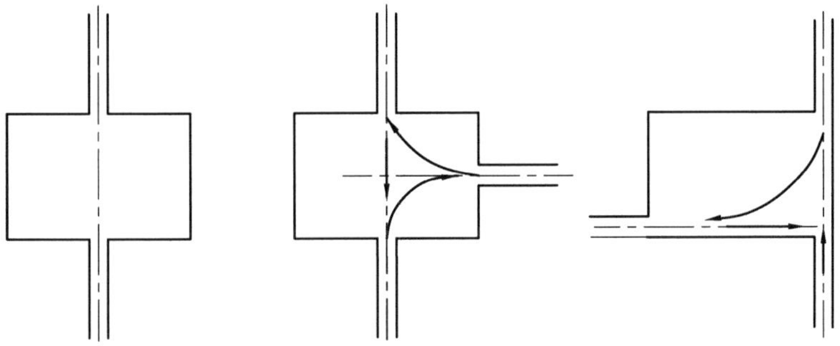

图 6-14 园路与园林场地交接

（7）失败案例剖析

在现实的园路设计中，总是存在这样或那样的问题。或游人踩踏出一条路，或路径过度而无理由的弯曲，或衔接不自然，或主路与支路的铺装无差别，或“此路不通”（见图 6-15）。设计者的错误导致后期使用者的不便，或者景观效果较差。人们常说的“设计者需要站在使用者的角度进行设计”，说的就是这个意思。

图 6-15　园路失败案例

6.3　园林水景设计

6.3.1　概述

人类一直对水钟爱有加，正如郭熙所言："水者，天地之血也。"

孔子说："智者乐水，仁者乐山；智者动，仁者静；智者乐，仁者寿。""上善若水，水善利万物而不争；处众人之恶，故几于道。居善地，心善渊，与善仁，言善信，政善治，事善能，动善时。夫唯不争，故无尤。"

庄子也说："水之性，不杂则清，莫动则平；郁闭而不流，亦不能清，天德之象也。故曰：纯粹而不杂，静一而不变，淡而无为，动而以天行，此养神之道也。"

园林设计中的水有平静的（湖泊、水池、水塘）、流动的（溪流、水泊、水道、水洞）、跌落的（瀑布、水帘、壁泉、水梯、水墙）和喷涌的（各种类型喷泉）。它们反映了水从源头（喷涌）到过渡（流动的或跌落的）、到终结（平静的）运动的一般趋势。

流水，每一刻呈现的都是新的，亦即任一段水的存在在时间维度上都是短暂的，无法延伸开去表现一段时间。然而，流水在空间维度上却是自由的，其来自远方，去向远方，给人留下悠远的遐思。流水在空间上的流动，让人常以时间上的流动与之相比，有谓"逝者如斯夫"；静水，让人冥思、让人遐想。

自古以来，中国园林便以山水为特色，水体能使园林产生很多生动活泼的景观,形成开朗明镜的空间和透景线,是园林造景的重要因素之一。

6.3.2 水景形式

水景形式按照不同的标准,可分为不同的类型。

(1) 按水体的形式分

① 自然水体:江、湖、溪、涧、泉、瀑。

② 规划式水体:人工开凿成几何状的水面,如运河、水渠、方潭、圆池等。

(2) 按水流状态分

① 静态水:湖、池、潭。

② 动态水:喷泉、瀑布、跌水。

(3) 按功能分

① 观赏水体:观赏瀑布、喷泉。

② 活动水体:游泳池、戏水池、河流、湖泊。

6.3.3 水的特性与功能

(1) 水体的一般特性

① 可塑性能:没有固定形态,不同水体造型取决于容器的大小、形状、高差和材质结构变化。

② 折射性能:构筑物表面色彩随水层的折射而变化,使水体呈现不同色彩。

③ 倒影性能:宁静的水面具良好的倒影表达特征,呈现出环境色彩。

④ 波浪性能:被流水冲动、风吹或人为触动时。

(2) 水体使用功能

一定面积的水体可以减少空气尘埃、增加空气湿度、降低空气温度、降低噪声、灌溉土地、划船、钓鱼及进行帆船、赛艇等比赛项目。水体也有治疗功能,如水珠撞击产生的负离子被称为“空气保健素”。

(3) 水体的景观功能

水体的景观功能有基底作用、系带作用和焦点作用。

6.3.4 水景设计

水是人类心灵的向往,人类自古喜欢择水而居。在园林水景规划设计中,水景占据了重要的地位。水景不仅具有水的固有的特性,而且表现形式多样,易与周围景物形成各种关系。水景具有灵活、巧于因借等特点,能起到组织空间、协调水景变化的作用,更能明确游览路线,给人明确的方向感。所以,分析水景的特性,明确水景的作用,了解水景的设计形式,是园林设计的重要方面。

(1) 静水景观设计

1) 水池的平面形式

① 规则几何形,常用方形、长方形、圆形、多边形、梯形等。

② 自然曲线形,常结合地形的曲折和环境进行自然的曲线设计。

水池设计的基本要求:水池的形态与整体环境的风格统一;面积要与庭院的面积保持相应的比例;装饰材料要与周边景观的环境材料相协调;水池深度要与水面的大小相适应,并注意池底的排污通道处理和水面的溢水处理。

水池可用作广场中心、道路尽端,还可与亭、廊、花架等各种建筑和小品组合形成富于变化的各种景观效果。

2) 湖的布置要点

要注意湖岸线的水滨设计,注意湖岸线的"线形艺术",以自然曲线为主,其中,湖的形式多采用仿生曲线进行展现,讲究自然流畅,开合相映(见图 6-16)。

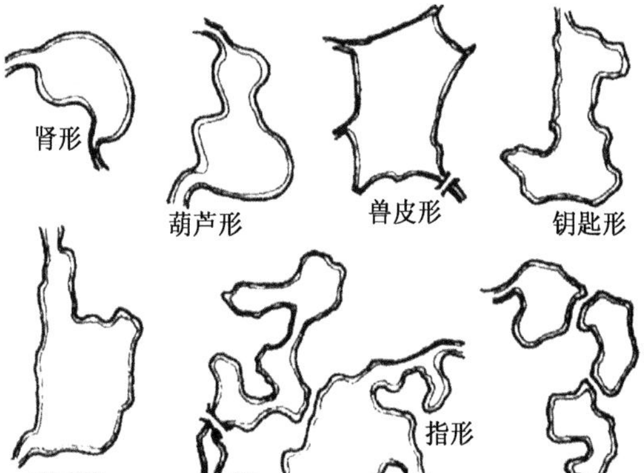

图 6-16 湖面仿生曲线

3) 水的分割

一般采用堤、桥、建筑、岛屿、植物等对水面进行分割。

① 堤:用于分割大水面,结合植物、桥、水榭、亭、廊等。

② 岛:分割大水面,如古典园林中的"一池三山"。

③ 桥:一般结合堤、岛、建筑、观景平台与舞台等。

④ 植物:通过岸线结合植物分割空间。

(2) 流水景观设计

中国古代有“曲水流觞”的习俗。乾隆在圆明园中仿造的兰亭,把曲水流觞的活动缩小在亭内,名曰“流水亭”。

1) 流水的形式

① 直线式:宜结合室外台阶进行创意设计。

② 曲线自然式:结合曲折的人性坡道进行创意设计。

2) 流水的位置

假山或假山之中,广场之中或林荫之中,行道之旁或街道之间。

(3) 落水景观设计

落水景观主要有瀑布和跌水两种类型。

1) 瀑布

① 定义:地形较大的落差变化,使平面的水流呈现直落或斜落的立面水流。

② 形式:有泪落、线落、布落、离落、丝落、段落、披落、二层落、对落、片落、直落、分落、帘落、滑落、乱落等。

③ 分类:自由瀑布,分为直接由高处垂直落下和陡坡式斜向落下两种基本形态;分层瀑布,根据落差大小瀑布可做成两级或多级。

④ 设计要点:现场勘测,以决定瀑布大小、比例及形式,并由此绘制平面图、立面展开图和全景表现图;考虑水源的大小与瀑布的面宽,选择富有表现力的石材或仿石假山,出水口内的存水深度要适当;在单独装置循环系统的水泵时,水泵宜隐藏于假山或单独设计的空间之中(但应便于维修)。

2) 跌水

① 定义:跌落的水,由于地形突然的高差变化而产生的水流现象。

② 形式:有线状、点状、帘状、片状、散落状。

③ 分类:跌水是连接上下游渠道的防冲建筑物。它分为直跌式(水流成自由坡时状态直接跌入下游段)和陡坡式(水流沿斜坡面流动和下游连接)两种。

④ 设计要点:在设计跌水的立面与平面效果时,应根据景观环境的总体关系考虑它们相互间的比例尺度,分清主次。若以平面水体为主,立面水景的尺度设置应相对较小;若以立面水体为主,平面水景尺度设置应相对较小。

(4) 喷水景观设计

1) 喷泉的常见形式

① 单孔式。可发射出不同角度的水柱,形成独特的曲线艺术。

② 发散式。喷嘴中许多小孔喷出雾状水流,给人朦胧的感受。

③ 涌水式。喷嘴口大,出水后经导流台呈现出形状各异的花式图案。

2）喷泉的规模

① 小规模的喷泉。这种喷泉常用雾状喷嘴、扇形喷嘴、牵牛花形喷嘴、伞形喷嘴等。

② 大规模的喷泉。这种喷泉常用可转动喷嘴、环形喷嘴、组合喷嘴等。

3）喷泉的照明

喷水池还可结合灯光照明进行设计，以取得良好的艺术效果，观赏价值会进一步提高。

6.3.5 水的配景

水体很少单独存在于空间中，一般或与石景结合，或与建筑组合，或与植物融合，营造丰富的园林景观。

（1）石景的配置

计成特别推崇依水堆筑的假山，因为“水令人远，石令人古”，两者在性格上一刚一柔、一静一动，起到了相映成趣的效果。《园冶》一书中，多次谈到这点：“假山依水为妙。倘高阜处不能注水，理涧壑无水，似少深意。”又云：“池上理山，园中第一胜也。若大若小，更有妙境。就水点其步石，从巅架以飞梁；洞穴潜藏，穿岩径水；风峦飘渺，漏月招云。”

（2）建筑配景

水边常用的园林建筑，除榭、亭、廊之外，在现代园林中景墙的运用也较为广泛，如图6-17所示。此外，驳岸边植物配置形式也是多种多样的，乔灌草复合型植物栽植较常见（见图6-18），并且靠近驳岸的植物一定要选择耐水湿的植物种类。

图6-17 水景墙

图6-18 水体驳岸边植物配置

（3）植物配景

1）水体植物的配置原则

水体植物的配置，应符合生态性、艺术性和多样性的原则。

① 生态性原则:种植在水边或水中的植物在生态习性上有其特殊性——植物应耐水湿,或用各类水生植物,设置自然驳岸时更应注意。

② 艺术性原则:水给人以亲切、柔和的感觉,水边配置植物宜选树冠圆浑、枝条柔软下垂或枝条水平展开的植物,如垂枝形、拱枝形、伞形等。宁静、幽静环境的水体周围,植物宜以浅绿色为主,色彩不宜太丰富或过于喧闹。水上开展活动的水体周围,则植物色彩以喧闹为主。

③ 多样性原则:根据水体面积大小,选择不同种类、不同形体和色彩的植物,形成景观的多样化和物种的多样化。

2)不同水体植物配置要点

① 湖:湖的驳岸线常采用自由曲线,或石砌,或堆土,沿岸种植耐水湿植物,高低错落,远近不同,与水中的倒影相呼应。水岸种植时以群植为主,注重群落林冠线的丰富和色彩的搭配。

湖边春季景观:以垂柳、悬铃木、枫香、水杉、池杉等树木构建一片嫩绿的景象;以迎春、日本樱花、碧桃、垂丝海棠、流苏营造鲜艳色彩,与嫩绿的叶色交相辉映。

湖边秋季景观:秋季色叶树种丰富,展现出绚丽多彩的景观,可用无患子、银杏、鸡爪槭、枫香、乌桕、三角枫、柿、油柿、重阳木、水杉等(借鉴西湖)。

② 池:在较小的园林中常建池,以获得"小中见大"的效果,水边植物配置一般突出个体姿态或色彩,多以孤植为主,营造宁静的气氛;或利用植物分隔水面空间,增加层次,同时可创造活泼和宁静的不同景观。

如网师园的池面仅410 m^2,水面集中,略呈方形。池边种植垂柳、碧桃、玉兰、黑松、侧柏、白皮松等,疏密有致,既不挡视线,又增加了植物的层次感。池边一株苍劲、古拙的黑松,树冠及虬枝深向水面,倒影生动,颇有画意。在叠石驳岸上配置了云南黄馨、紫藤、爬山虎等,使得高于水面的驳岸略显悬崖野趣。

另外,水面常种植萍蓬草、睡莲、千屈菜等小型水生植物,但需要控制其蔓延。

案例分析

水边建筑设计

水边建筑设计——江苏盐城"水边会所"(见图6-19)是由北京TAO迹建筑事务所完成的。这座建筑坐落在河边的林中,一边为河景,另一边为体育场地。建筑在整体构建中既可观景,又可被观。

图 6-19　水边会所

由于该场地空间水平特征强烈，设计者使建筑尽量贴附于地面，令建筑体量消解弱化以融入环境。此外，因场地地质为回填土，属软地基，建筑需作桩基，因此考虑建筑与大地的接触是一种“轻”的姿态。内部空间由入口向上经缓坡形成展示区域到达高于室外地面 1.8 m 的咖啡厅，可以直接看到球场中的比赛。

该设计的概念是以密斯的范斯沃斯别墅为原型，通过拉伸、环绕和折叠等动作，达到以下目的：减小进深、形成内院、亲近水面和利用屋顶，并由此加强空间通透性、层次感和流动性。透明使建筑的物质性被消解，取而代之的是对外部的水、竹林等自然环境的体验的营造。

③ 溪流：溪是一种动态景观，但往往处理成动中取静的效果。两侧多植以密林或群植树木，溪流在林中若隐若现，如图 6-20 所示。

图 6-20　水体、小品、植物的构图形成

为了与溪水的动态相呼应，两岸可以布置成落花景观，将李属、梨属、苹果属等单个花瓣下落的植物配于溪旁，秋色叶植物也是很好的选择。林下溪边常配喜阴湿的植物和小型挺水植物，如蕨类、天南星科、虎耳草、冷水花、千屈菜、

风车草、菖蒲等，如此则颇具有乡村野趣。

④ 河：河分为天然河流和人工河流两大类，两者本质都是流动着的水，在园林中属于大型水体，功能性较强，设计制约因素多。

相对河宽来说，若河岸的建筑物和树林较高，产生的就是包围感的景观；反之，则产生开放感的景观。

河流景观的看点之一是映照在水面上的河岸景观。园林中的河流多为经过人工改造的自然河流，相对静止的水域，其两边植以高大的植物可形成群落，丰富的林冠线和季相变化可形成美丽的倒影。以防汛为主的河流，则宜选择固土护坡能力强的地被植物。

颐和园的后湖实为“六收六放”的河流，其两岸种植高大的乔木，形成“两岸夹青山，一江流碧玉”的图画。在全长约1000 m的河道上，夹峙两岸的峡口、石矶形成了高低起伏的河岸，同时也把河道障隔、收放成6个段落，在收窄的河边种植树冠庞大的槲树，分隔效果明显。河流沿岸还有柳树、白蜡，山坡上有油松、栾树、元宝枫、侧柏，加之散植的榆、刺槐，形成了一条绿色的长廊，山桃、山杏点缀其间，行舟漫游，真有山重水复、柳暗花明之乐。

⑤ 喷泉和跌水：喷泉和跌水本身不需配置植物，但其周围常配以花坛、草坪、花台或圆球形灌木等，并应选择合适的背景，如图6-21所示。

图6-21　跌水景观构图

6.3.4 人的亲水性

人具有与生俱来的亲水特性，尤其在炎热的夏季，人们总喜欢在有水的地方驻足、赏景或体味。作为设计者，需要考虑如何将人们安全、便捷的从陆地“送”到水面，从而使游人接触所想到达的水域。

公园、湖泊、河流、湿地、海滨等以水资源为依托的景点非常注注对亲水平台的打造，主要表现为设置景观浮桥、水上步道、观景走廊等，游览者行走在波光粼粼的水面，可观赏池中怒放的鲜花、逗玩水中活蹦乱跳的鱼类、欣赏沿岸秀丽的山水风光等，如图 6-22 所示（参见彩图）。

图 6-22　亲水平台景观构图

案例分析

波特兰市演讲堂前庭广场

波特兰市演讲堂前庭广场（Auditorium Forecourt Plaza）是劳伦斯・哈普林为波特兰市设计的广场系列的第三站（见图 6-23），也是整个系列的高潮，后改名为 Iran Keller Plaza。演讲堂前庭广场是劳伦斯・哈普林根据自己对自然的体验所做的设计，通过混凝土和水，以极富雕塑感的手法呈现悬崖和台地，景观兼具观赏性和参与性。大水池与第三大街竖向相差 1 m 左右，设计师巧妙地用大台阶进行过渡，让身处水中平台的游人感觉建筑与台阶融为一体，大台阶亦为瀑布跌水的最佳看台。

图 6-23　波特兰市演讲堂前庭广场

6.4 园林植物设计

古人云:“山借树而为衣,树借山而为骨,树不可繁,要见山之秀丽;山不可乱,须显树之光辉。”又有云:“寻常一样窗前月,才有梅花便不同。”康熙皇帝为避暑山庄观莲所旁一殿题名“金莲映日”。因其殿前广庭数亩,植金莲花万株。此花原自五台山,枝叶高挺,花朵呈金黄色,圆径二寸多,夏日金莲花盛开之际,登楼下视,如黄金满地。康熙皇帝赋诗赞曰:“正色山川秀,金莲出五台。塞北无梅竹,炎天映日开。”

可见,植物在园林中的重要性。

6.4.1 植物物理特性

(1) 色彩

不同的植物色彩也有差异,就叶色来说,常见的有浅绿色、深绿色、黄色、红色、紫色等;即使是同一种植物,其叶色也会随着季节变化而呈现不同的季相特征。

(2) 形态

植物的形态即植物和植物群体的形状,每种植物以其独特的形态展现其功能特性。一般植物形态有圆球形、椭圆形、金字塔形、直立形、悬垂形、铺地形、不规则形等。不同的树形适合不同的环境,因此,有堤湾宜柳的说法。

(3) 质感

植物的质感即植物表面的质地。植物表面的触觉和视觉特征取决于植物组成单元的形态、尺寸和总体。就树皮而言,有光滑的、粗糙的,有纵裂的、横裂的;就树叶而言,也有纸质的或革质的不同质感。总之,树种质感也是设计者需要考虑的因素之一。

6.4.2 园林植物的功能

(1) 基本功能

园林植物提供遮阴、减噪、防止水土流失、抗污防辐射的工程功能;改变温度、湿度和风速的气候改造功能;创造各种空间的建造功能;给人美感的美学功能。

（2）植物配置的造景功能

1）园林植物表现时空变化

园林空间是包括时间在内的四维空间。园林植物随时间变化而变化，这主要表现在植物的季相演变上。

2）利用园林植物创造观赏景观

这是由植物独特的形态、色彩、风韵之美所决定的。如孤植树因其浓冠密覆或花繁叶茂而格外引人注意。银杏、银华、白杨等树的主干通直，气势轩昂，松树虬枝苍劲，常作孤植树。

几棵树按一定构图方式配置成树丛，既体现树木的群体美，也体现树木的个体美，整体上有高低错落的层次变化，产生较大的观赏面。而色彩缤纷的草本花卉按照一定的构图方式，组成美丽的画面及花坛，就是利用植物的色彩来吸引游人。

3）利用植物创造空间（见图6-24）

一般来说，植物配置应疏密错落。有景可借，宜疏，树冠高于或低于透视线。视线杂乱的地方用致密的树遮挡。利用植物可构成开敞空间（见图6-24 a）、半开敞空间（见图6-24 b）、全封闭空间（见图6-24 c）和覆盖空间（见图6-24 d）。

(a) 开敞空间

(b) 半开敞空间

(c) 全封闭空间

(d) 覆盖空间

图6-24　利用植物营造的不同空间

植物还可加强空间的形状感，如图 6-25 所示，图 6-25 b 中植物明显加强了场地的矩形围合感。另外，植物可以完善空间布局，以及引导视线。

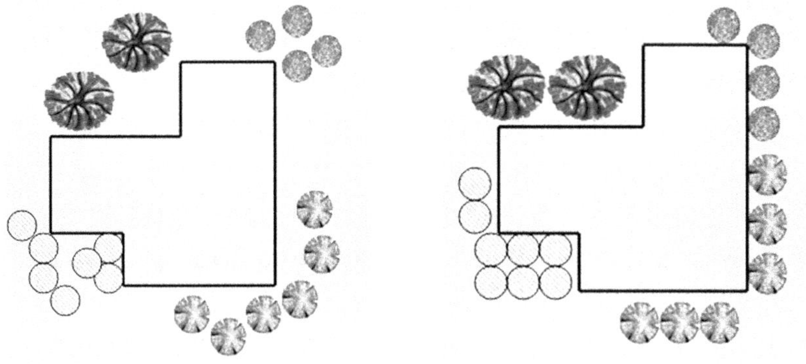

(a) (b)

图 6-25 植物排列方式对空间围合感的影响

4）利用植物改造地形

如高大乔灌木种于地形高处，能加强高耸感；种于凹处使地形平缓。

5）能够起到烘托作用

通过枝条的质感及自然曲线，来烘托人工硬质材料构成的建筑形体景观，突出两种质感。现代园林中常以绿树作为雕塑材料，通过色彩对比强调某一特定的空间。

6）利用植物进行意境创作

自古以来，人们都借助植物抒发感情，寓情于景。如松柏以其苍劲挺拔、虬枝古朴的形态，被用来比喻人的坚贞不屈、永葆青春的意志。园林绿地可借鉴植物特点，创造有特色、有寓意的景观效果。

6.4.3 植物种植设计注意事项

从结构上应注意：① 原场地大乔木尽量保留；② 大量铺设地被植物；③ 绿篱的使用宜慎重，宜篱则篱；④ 适当选用花灌木，花灌木因其色彩丰富和见效快而被大量应用，但仅当需要封闭空间（如在座椅背后）或重点观赏时，花灌木的重要作用才能够充分体现。

另外，配置艺术方面应注意以下几点：① 重点突出；② 对比微差；③ 韵律节奏；④ 比例尺度；⑤ 层次渗透；⑥ 均衡稳定；⑦ 多样统一；⑧ 空间分隔。

6.4.4 园林植物配置的应用形式

（1）园林植物配置概述

《园冶》云："梧荫匝地，槐荫当庭；插柳沿堤，栽梅绕屋；结茅竹里，浚一派之长源；障锦山屏，列千寻之耸翠，虽由人作，宛自天开。"

另一本园林名著《长物志》又说：植柳，"更须临池种之。柔条拂水，弄绿搓黄，大有逸致"；松柏，可植"堂前广庭，或广台之上，不妨对偶"；而小松，"应植土岗之上，使之涛声相应"；槐、榆，"宜植门庭，板扉绿映，真如翠幄"；青桐，"株绿如翠玉，宜种广庭中"；竹，"宜筑土为垅，环水为溪，小桥斜渡，陡级而登，上留平台，以供坐卧，科头散发，俨如万竹林中人也"……

可以看出，进行植物配置时，首先，要满足植物正常生长的需要，满足其生理特性。植物或喜阳或喜阴，或耐旱或喜湿，应挖掘植物的生长特性以适应不同地点。其次，需考虑植株的不同观赏特性，做到构图美观、大小呼应等美学要求。

（2）园林植物配置基本类型

1）规则式配置：强调排列整齐、对称，有一定的株行距，给人以雄伟、庄严和肃穆的感受（见图6-26）。

2）自然式配置：强调变化，没有一定的株行距，将同种或不同种的树木进行孤植、丛植和群植，以及营造风景林（见图6-27）等，具有活泼愉快的自然风趣。

图6-26 园林植物规则式配置

图6-27 园林植物自然式配置

6.4.5 园林植物的配置方法

常用的配置方式有孤植、对植、列植、丛植、群植或林植、花坛、花池、花境、花架和绿篱十种类型。

（1）孤植

孤植即在开阔的空间（大草地、水面附近），远离其他景物，种植一株姿态优美的乔木或灌木，如图6-28所示。

功能要求：只作为构图；或既有构图的作用，又有遮蔽的作用。

植物要求：体形美而大（挺拔雄伟）；树冠轮廓富于变化；树姿优美；开花多、香味浓郁；叶色丰富；线条宜人；生长健壮、寿命长；树冠开展，无根蘖或毒副作用。如国槐、黄连木、银杏等。

种植地点：构图的中心、重心等。

注意事项：主要为构图服务的孤植树在四倍树高范围内尽量避免其他物遮挡视线，可种在大草坪、水边开阔地的自然重心上；小空间上不宜过大，如假山上孤植树宜古宜盘；园小植大树，可在角隅或可拉大视距之处，不必苛求在各个方向上都有良好视点；如强调手段，可在桥头水湾、亭廊院落里出现。

图6-28　孤植

另外，特定条件下，可紧密栽植两三株植物，组成单元。必须统一树种，株距不超过1.5 m，在较大空间内加强视觉效果。

（2）对植

以呼应的方式栽植在构图中心或两侧，一般采用同种树种。第一，以主体景物中轴线取得景观的平衡关系；第二，在公园、建筑、道路、广场的入口起强调作用；第三，在草坪上或路旁成为构图上的配景，一般表现为一俯一仰，一斜一直，一高一低。

1）对称种植

对称种植是规则式构图中的常用形式。一般指中轴线两侧的树木在数量、品种、体型大小、规格上都要求相称一致，依主体景观的中轴线做对称布置。

① 植物要求：形态整齐，大小一致。

② 种植地点：房屋、建筑物、公园、广场入口两侧（见图6-29）。

③ 种植要求：乔木离建筑5 m以上，小乔木和灌木离建筑至少2 m以上。

2）非对称种植

非对称种植只强调一种均衡的协调关系。

① 植物要求：同一树种，树形要求有差异，大规格植物靠近中轴线，小规格的远离。

② 种植地点：自然式园林出入口两侧，桥头、蹬道的石阶两旁及河道进口两边、闭锁空间入口、建筑物门口。

③ 种植要求：两树穴连线不得与中轴线垂直，中轴线两侧动势向中轴线集中。此外，自然式对植，可株数不相同，如左边1株大树，右边同一树种可种2株小树；两边种植相似而不相同树种或两种树丛；2株或2个树丛还可对植在道路两旁构成夹景。

图6-29　对植

（3）列植

乔灌木按一定的株行距成行成排的种植，或在行内株距有变化，如图6-30所示。由直线形变为圆形时，称环植，可单环，也可多环。其特点为形成的景观整齐、单纯、气势大，并且施工管理方便。

① 植物要求：树冠体形要求比较整齐，如圆形、卵圆形、倒卵形、椭圆形、塔形、圆柱形等，不选枝叶稀疏、树冠不整齐的。

② 种植地点:规则园林道路广场、工矿区、居住区、办公楼,自然式绿地局部也适用,如人行道、林带、河边与绿篱。

③ 种植要求:株距和行距大小要根据树种和遮阳郁闭度要求来确定,如大乔木 5 ~ 8 m,小乔木 3 ~ 5 m,灌木 2 ~ 3 m,小灌木 1 ~ 2 m;过密成绿篱,绿篱可单行也可双行,一般株距 30 ~ 50 cm,行距 30 ~ 50 cm,多用于建筑、道路、上下管线较多的地段。

④ 可选用树种:乔木有油松、桧柏、湿地松、银杏、水杉、悬铃木、毛白杨、臭椿、白蜡、栾树、合欢、日本晚樱、垂柳、七叶、马褂木、槐等;灌木有黄刺玫、蔷薇、丁香、棣棠、红端木、小叶黄杨、大叶黄杨等;绿篱多选用桧柏、侧柏、女贞、丁香、小叶黄杨等;也可选用落叶灌木,如蔷薇、小叶女贞、黄刺玫等。

⑤ 形式:等行等距与等行不等距(见图 6-30)。

图 6-30 列植

(4) 丛植

丛植是由 2 ~ 10 株、具有较为独特的个体美的乔木或花灌木所组成的,以表现群体美感为主,是城市绿地内植物做主要景观布置时很常见的形式,如图 6-31 所示。

图 6-31 丛植

① 植物要求:株型较为紧密,如丛植海桐、桂花;或树型较为美观,如丛植水杉。

② 种植地点:草地、草花地、山石处等。

③ 种植要求:一般要求安排在构图重心上并且不被道路分隔,高程尽量高于四周。为何丛植?其一,突出主体形象。其二,庇荫用。尽可能同一树种、较强遮阴功能树种,下层不种或少种灌木,以便安置休息设施,以树冠开展的植物为宜。其三,纯观赏。可作主景、配景,具有诱导功能。其四,可与山石、灌木、花卉搭配,四周留出透视线以便赏景。

若是同一种植物,则要求其形态各异、相互趋承;若为几种不同植物,如常绿与落叶、观花与观叶、乔木与灌木、喜阴与喜阳、针叶树与阔叶树等植物之间的丛植,则需考虑树种之间的生态位及生态习性等植物基本属性,并要求在观赏层面具有统一性,如形态相近或色彩互为补充,应做到各方面的相互融合。

④ 丛植设计。

a. 两株丛植。株距不能等于两树冠直径之和的1/2,且小于小树冠直径。采用多样统一原则,既有调和又有对比,既有相同又有殊相;若是同一树种或极为相像的树种,树姿和体量上应有差别,有俯仰、曲直、高低等对比。

明朝画家龚贤在《龚贤论画》中云:“两株一丛,必一仰一俯,一欹一直,一向左一向右,一有根一无根,一平头一锐头;两根一高一下”;“两树一丛,分枝不宜相似,即十树五树一丛,亦不得相似”。

b. 三株丛植。以同种树为佳,即同为常绿、落叶、灌木或乔木;三株树呈不等边三角形,忌等边三角形或同一直线排列。其株距不相等,大、小靠近,中号树种略远离,两小组动势上呼应,如图6-32 a所示。

如果是两种不同的树种,如桂花和紫薇,最小的那株为紫薇,与最大的桂花为一组,从而达到变化又统一的调和,如图6-32 b所示。

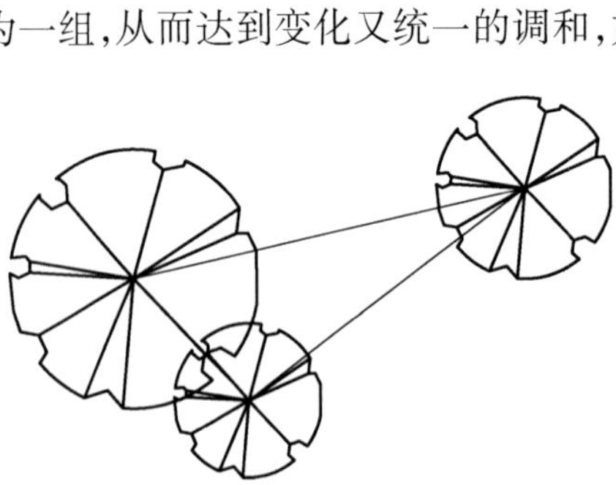

(a) 同种树

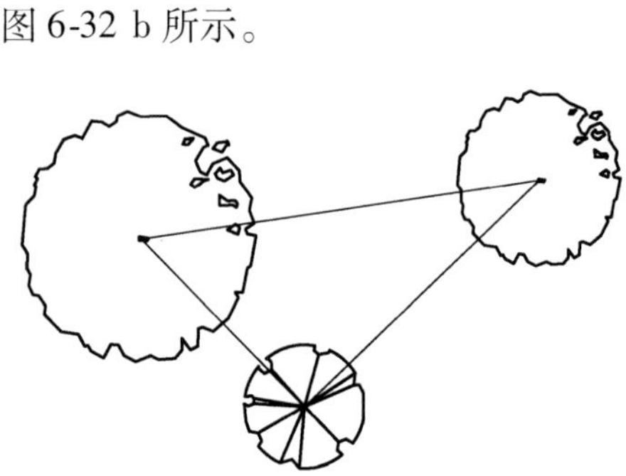

(b) 不同种树

图6-32　三株丛植排列方式

《龚贤论画》中云:“三株一丛,第一株为主树,第二第三株为客树”,“三树一丛,则两株宜近。一株宜远,以示别也。近者曲而俯,远者宜直而仰。”“三株不宜结,亦不宜散,散则无情,结是病。”

c. 四株丛植。根据树种的不同,有通相与殊相之别。通相:同一树种或最多两树种,且必须同为乔、灌木;殊相:树种相同,在姿态、形状、大小、距离、高矮上有差别;栽植点标高也可变化。

配置要点:

第一,忌同一直线,基本类型为不等边三角形、四角形(见图6-33)。

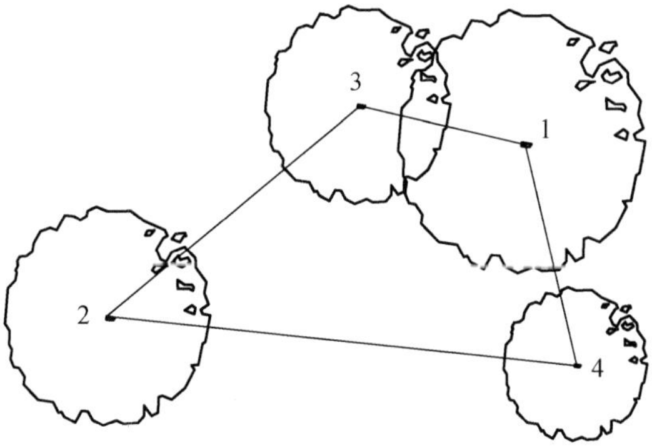

图6-33 四株树的正确构图形成

第二,忌树大小一般,形态一般(见图6-34);忌双双分组(见图6-35);忌一大三小分组(见图6-36)。

第三,若为两种树种,忌每种树种两株(见图6-37);忌三大一小分组;忌不同树种居几何中心;忌三株同种靠拢,另一株树种分离(见图6-38)。此种配置一般三株植物为同一种类,另外一株为其他种类,且冠径不能是最大的(见图6-39)。

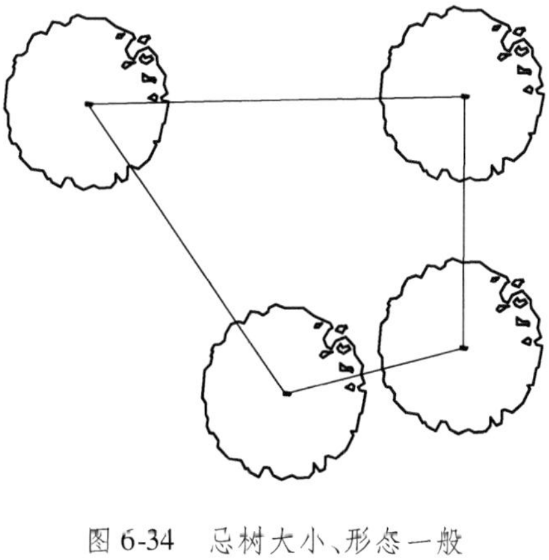

图6-34 忌树大小、形态一般

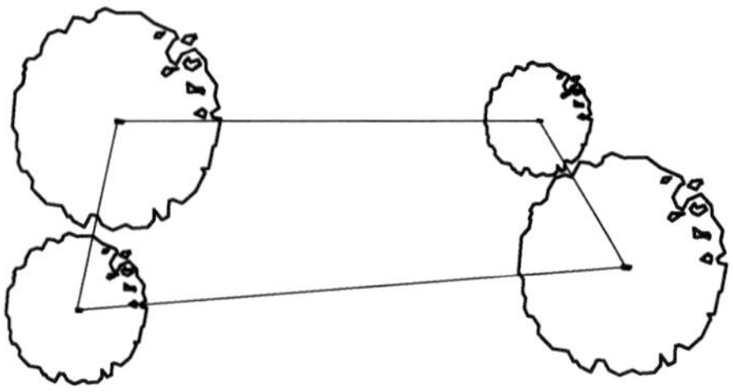

图 6-35　忌双双分组

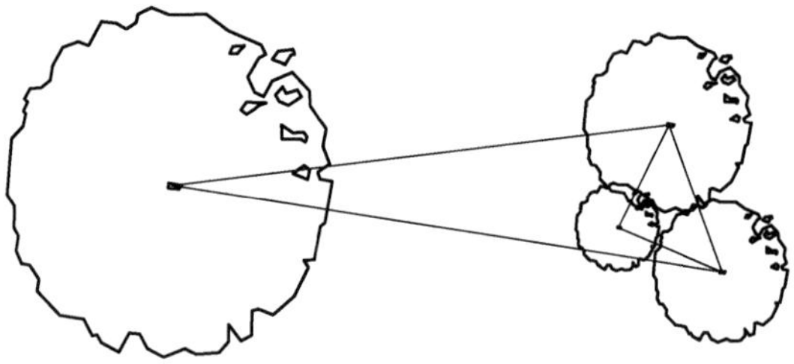

图 6-36　忌一大三小分组

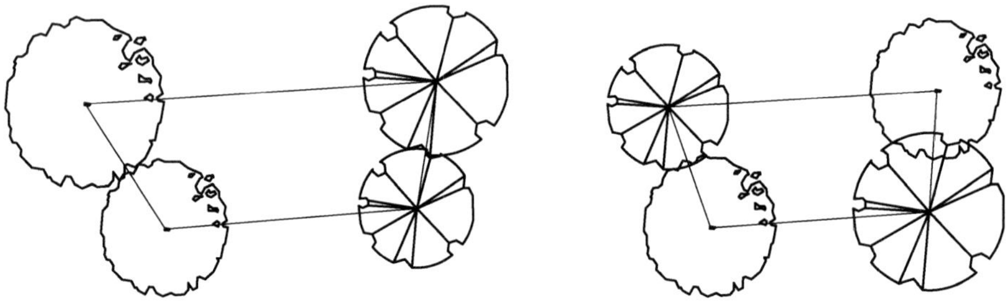

图 6-37　忌每种树种两株

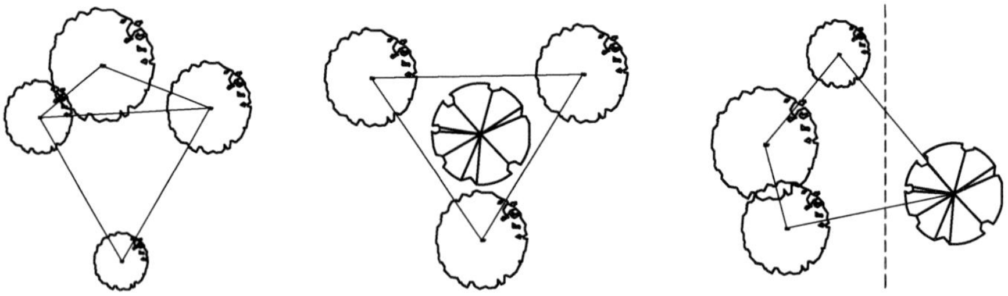

图 6-38　忌三株同种靠拢，另一种分离

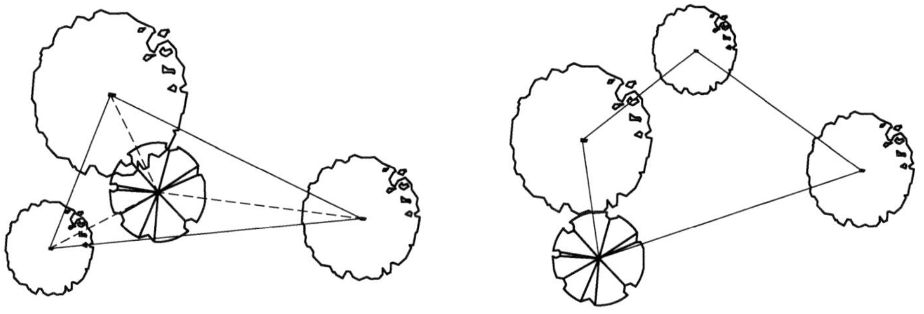

图 6-39 四株两种丛植的配置方式

d. 五株丛植。若为同一树种，则每株株距不相等，且一般呈不等边四角形或五角形排列，如图 6-40 所示。

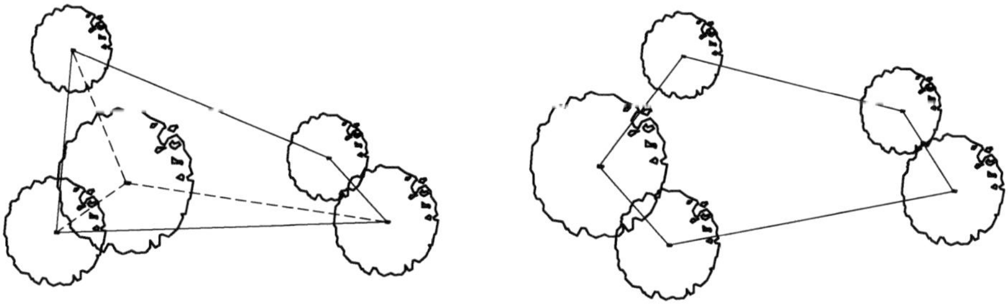

图 6-40 五株同种丛植的配置方式

3 +2 组合方式：同种三株树号为 1,2,5，主体为三株中之一，两组各有动势，取得均衡，如图 6-41 所示。

4 +1 组合方式：单株不最大，也不最小，最好 2,3 号树种与最大株距离不宜过远，动势上有联系，如图 6-42 所示。

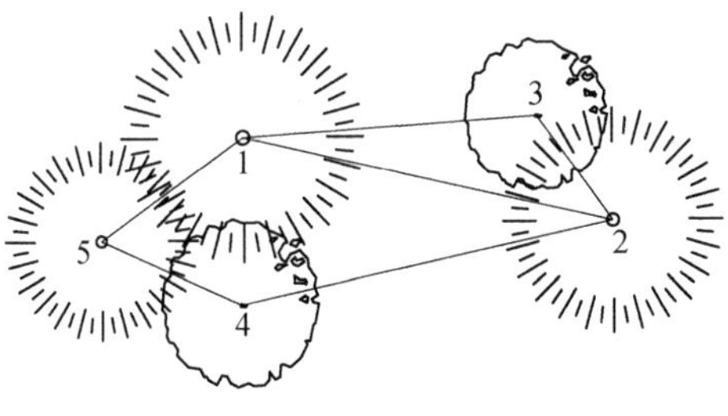

图 6-41 3 +2 组合方式

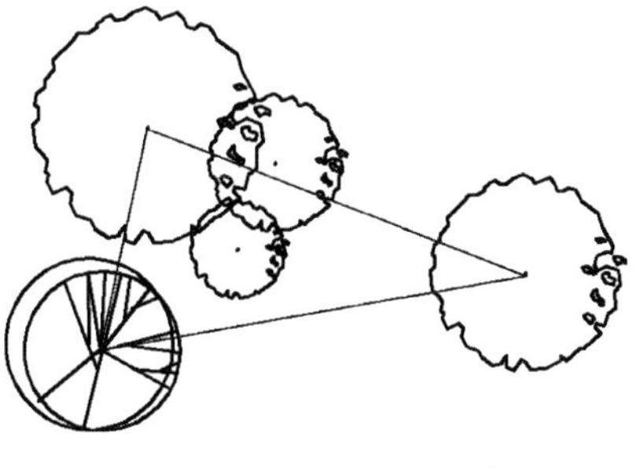

图 6-42 4 +1 组合方式

若两种树搭配，3 +2 组合配置时，忌中轴分组；4 +1 组合配置时，忌单株树种在边侧，如图 6-43 所示。

总之，几株丛植应尽可能在各自姿态、高低、大小、距离上不相同，种类最好不超过两种。

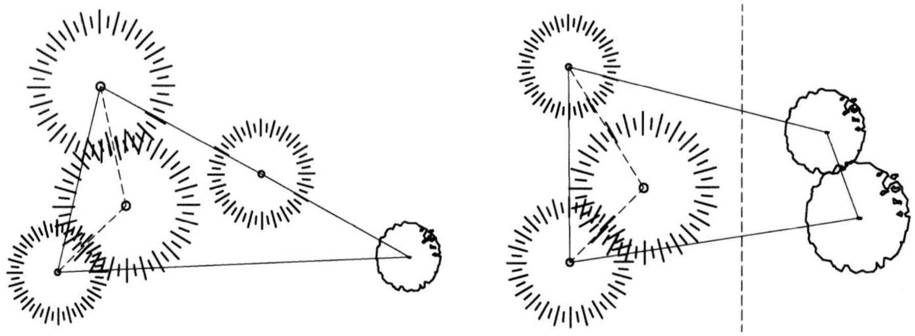

图 6-43　五株两种丛植的配置方式

e. 六株及以上丛植。《芥子园画谱》中云："五株既熟，则千株万株可以类推，交搭巧妙，在此转关"。六株配置要点、组合方式可以参看五株及以下的丛植配置。丛植的基本关键在于调和中凸显对比差异，差异太大时又要求调和，株数愈少，树种愈不能多，随株数慢慢增多，树种慢慢增多，10～15 株时，外形相差太大的树种不宜超过 5 种以上，外形类似的可增多种类。

（5）群植和林植

1）群植

群植以一两种乔木为主，与数种乔灌木搭配，组成较大面积的树木群体，其特点为表现群体美，因此成为构图主景之一，如图 6-44 所示（参见彩图）。组成群的单株树木数量一般在 20～30 株。

图 6-44　群植

① 种植地点：足够面积的开敞地，如靠近林园的大草坪、宽广的林中空地、水中小岛屿、宽广水面水滨、小山山坡、土丘等地。

② 种植要求：在主立面前方至少树群高度的 4 倍、树群宽度的 1.5 倍距离上，留出空地供观赏；最好采用郁闭式、分层式结合，一般不允许进入；常为树丛的衬景；立面层次和色调要求丰富多彩，树冠线要求清晰而富有变化。

③ 形式：有单纯林和混交林之分。单纯林可用宿根花卉作为地被植物；而混交林可分为 5 个部分，乔木层、亚乔木层、大灌木层、小灌木层和多年生草本植被层。

其中，乔木可选择树冠姿态丰富的树种，使得整个树群天际线富于变化；亚乔木可选择开花繁茂或具美丽叶色的树种；灌木最好选择开花灌木；草本覆盖物以多年生野生花卉为主。

④ 组合基本原则：乔木分布在中央，亚乔木在四周，大、小灌木在外缘，外缘可配置一两个树丛及几株孤植木。

⑤ 栽植要点：群内植物距离要有疏密变化，构成不等边三角形。切忌成行、成排、成带的栽植；常绿、落叶、观花、观叶树木混交组合，不可带状混交，不可片、块状混交；应用复层混交、小块混交与点状混交结合的方式；外貌有高低起伏变化，注意四季的季相变化和美观。

2）林植

林植为单一或多种树木在较大范围内栽植成林的方式。凡成片、成块大量栽植乔灌木，构成林地或森林景观的称为林植或树林。

① 类型可分为：

a. 密林，分为单纯密林和混交密林。

b. 疏林，树木采用疏朗的方式栽植，植株间距超过成龄树冠的冠幅，一般在 10 m 以上，甚至 20 ~ 30 m，郁闭度在 0.4 ~ 0.7。可适当开辟道路，设休息设施，林间透有阳光，适合草本植物生长，多与草地结合，形成“树林草地”。

② 树种要求

具有较高观赏性，生长健壮，树冠疏朗开展，落叶树居多，并且四季有景可赏等条件。如合欢、桦、银白杨、银杏、枫香及一些花灌木；以树木为主题的树林，如梅花、竹子、松、山桃、杏等。

③ 种植地点

多运用于大面积的空地和游览地段，境域边缘和某些需要隐蔽隔离的地段，并不过于要求景观上的效果。工业区、居住区之间的卫生防护带属于规则式林植，采取连续成带的方法，所选用树种对污染物质应具有　定抗性和吸收、滞留功能。

(6) 花坛

外部平面轮廓具有一定几何形状,种以各种低矮的观赏植物,配植成各种图案的花池称为花坛。

1) 功能

花坛具有美化环境、组织交通和渲染气氛等功能。

2) 类型

根据设计的形式不同,可分为独立花坛、带状花坛、花坛群;根据种植的方式不同,可分为花丛花坛和模纹花坛,据季节不同选用不同的花卉品种。

① 春季花坛:以4—6月开花的一二年生草花为主,配以部分盆花。常用的种类有三色堇、金盏菊、雏菊、桂竹香、一串红、瓜叶菊、旱金莲、大花天竺葵、天竺葵、筒蒿菊等。

② 夏季花坛:以7—9月开花的春播草花为主,配以部分盆花。常用种类有石竹、百日草、半枝莲、一串红、矢车菊、美女樱、风仙、大丽花、翠菊、万寿菊、高山积雪、地肤、鸡冠花、扶桑、五色梅、宿根福禄考等。夏季花坛根据需要可更换一两次,也可随时调换花期过了的部分种类。

③ 秋季花坛:以9—10月开花的春季播种的草花为主,配以部分盆花。常用种类有早菊、一串红、荷兰菊、滨菊、翠菊、日本小菊、大丽花及经短日照处理的菊花等。配置模纹花坛可用五色草、半枝莲、香雪球、彩叶草、石莲花等。

④ 冬季花坛:长江流域一带常用羽衣甘蓝及红甜菜等作为花坛材料,布置露地越冬。

3) 设计

花坛在环境中可作为主景,也可作为配景。

① 形式与色彩的多样性决定了它在设计上也有广泛的选择性。

② 花坛的设置首先应在风格、体量、形状等诸方面与周围环境相协调,其次才考虑花坛自身的特色。

③ 花坛的体量、大小也应与花坛所处的广场、出入口及周围建筑的高低成比例。一般不应超过广场面积的1/3,不小于1/5,出入口设置的花坛以既美观又不妨碍游人路线为原则,在高度上不可遮住出入口。

④ 色彩设计。花坛表现的主题是花卉群体的色彩美,因此一般要求颜色鲜明、艳丽。如果有台座,花坛色彩还要与台座的颜色相协调。

a. 对比色应用:这种配色较活泼而明快。深色调的对比较强烈,给人兴奋感;浅色调的对比不那么强烈,柔和而鲜明。如堇紫色+浅黄色(堇紫色三色

堇 + 黄色三色堇、霍香蓟 + 黄早菊、荷兰菊 + 三色堇),绿色 + 红色(扫帚草 + 星红鸡冠)等。

b. 暖色调应用:类似色或暖色调花卉搭配,色彩不鲜明时可加白色调剂。暖色调配色鲜艳,给人热烈而庄重的感觉,在大型花坛中常用。如红色 + 黄色或红色 + 白色 + 黄色(黄早菊 + 白早菊 + 一串红或一品红、金盏菊或黄三色堇 + 白雏菊或白色三色堇 + 红色美女樱)。

c. 同色调应用:这种配色不常用,适用于小面积花坛及花坛组,起装饰作用,不作主景。

d. 其他注意要点:一个花坛配色不宜太多。一般一个花坛两三种颜色,大型花坛四五种足矣。配色多而复杂难以表现群体的花色效果,显得杂乱;花卉色彩不同于调色板上的色彩,需要在实践中对花卉的色彩做仔细观察才能正确应用。如同为红色的花卉一品红、一串红、天竺葵等,在明度上有差别,分别与黄早菊配用,效果不同。一品红红色较稳重,一串红红色较鲜明,而天竺葵红色较艳丽,后两种花卉直接与黄早菊配合,也有明快的效果,而一品红与黄早菊中加入白色的花卉才会有较好的效果。同样,黄、紫、粉等各色花在不同花卉中明度、饱和度都不相同。

⑤ 图案设计。花坛外部轮廓主要是几何图形或几何图形的组合;花坛大小要适度,一般观赏轴线以 8 ~ 10 m 为主。

另外,现代建筑的外形趋于多样化、曲线化,在外形多变的建筑物前设置花坛,可用流线或折线构成外轮廓,对称式、拟对称式或自然式均可,以求与环境协调。

(7) 花池与花台

由草皮、花卉等组成的具有一定图案画面的地块称为花池。

在 40 ~ 100 cm 高的空心台座中填土,在其上栽种观赏植物称为花台。它是以观赏植物的体形、花色、芳香及花台造型等综合美为主要功能。一般种植小巧玲珑、造型别致的松、竹、梅、丁香、天竺、铺地柏、枸骨、芍药、牡丹、月季等,还可与假山、坐凳、墙基相结合。

(8) 花境

花境是介于规则式和自然式构图之间的一种长形花带。

1) 特点

从平面布置来说,它是规则的,而从内部植物栽植来说,则是自然的。花境中的观赏植物要求造型优美、花色鲜艳、花期较长、管理简单,平时不必经常更换植物,也能长期保持群体的自然景观。

2）作用与位置

花境可设置在公园、风景区、街心绿地、家庭花园及林荫路旁。它是一种带状布置方式，因此可在小环境中充分利用边角、条带等地段，营造出较大的空间氛围，是林缘、墙基、草坪边缘、路边坡地、挡土墙等的装饰。花境的带状布置，还可起到分隔空间和引导游览路线的作用。

3）类型

首先，从设计形式上分，花境主要有 3 种类型。

① 单面观赏花境：常以建筑物、矮墙、树丛、绿篱等为背景，前面是低矮的边缘植物，整体上前低后高，供一面观赏，如图 6-45 所示（参见彩图）。

图 6-45　单面观赏的花镜

② 双面观赏花境：这种花境无背景，多设置在草坪上或树丛间，植物种植方式是中间高两侧低，供两面观赏。

③ 对应式花境：在园路的两侧、草坪中央或建筑物周围设置相对应的两个花境，这两个花境呈左右两列式。对应式花镜在设计上统一考虑，作为一组景观设置，多采用拟对称的手法，以求有节奏和变化。

其次，从植物选材上分，花境也可分为 3 种类型。

① 宿根花卉花境：花境全部由可露地过冬的宿根花卉组成。

② 混合式花境：花境种植材料以耐寒的宿根花卉为主，配置少量的花灌木、球根花卉或一二年生花卉。这种花境季相分明，色彩丰富，被广泛应用。

③ 专类花卉花境：由同一属不同种类或同一种不同品种植物为主要种植材料的花境。做专类花境用的花卉要求花期、株形、花色等有较丰富的变化，从而体现花境的特点，如百合类花境、鸢尾类花境、菊花花境、郁金香花境等，如图 6-46 所示（参见彩图）。

图 6-46 专类花卉花镜

4）植物材料的选择

花境中常用的植物材料有月季、杜鹃、山梅花、蜡梅、麻叶绣球、夹竹桃、笑靥花、郁李、棣棠花、连翘、迎春花、榆叶梅、飞燕草、波斯菊、金鸡菊、美人蕉、蜀葵、大丽花、金鱼草、福禄考、美女樱、蛇目菊、萱草、紫菀、芍药等。

5）花境设计

① 花境位置图。用平面图表示，标出花境周围环境，如建筑物、道路、草坪及花境所在位置。依环境大小可选用 1∶100～1∶500 的比例绘制。

② 花境平面图，见图 6-47、图 6-48（参见彩图）。绘出花境边缘线、背景和内部种植区域，以流畅曲线表示，避免出现死角，以求种植植物后的自然状态。在种植区内编号或直接注明植物，编号后需附植物材料表，包括植物名称、株高、花期、花色等。可选用 1∶50～1∶100 的比例绘制。

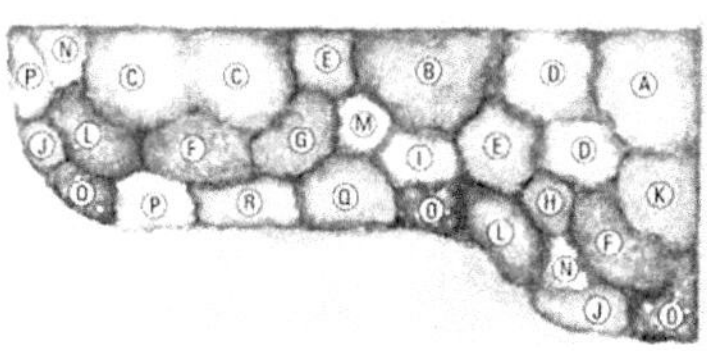

图 6-47 花境平面图（一）

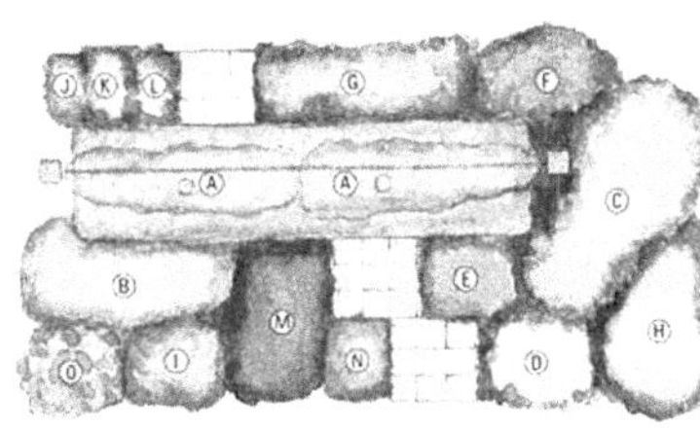

图 6-48 花境平面图（二）

③ 花境立面效果图，见图 6-49、图 6-50（参见彩图）。可以一季景观为例绘制，也可分别绘出各季景观，选用 1∶100～1∶200 的比例。

图 6-49　花境立面效果图(一)

图 6-50　花境立面效果图(二)

(9) 花架(6.5 中详述其功能与位置)

可选用的藤本植物有紫藤、金银花及凌霄、山荞麦等,如图 6-51 所示。

(10) 绿篱

凡是由灌木或小乔木以近距离的株行距密植,栽成单行或双行,紧密结合的规则的种植形式,称为绿篱或绿墙,如图 6-52 所示。

1) 类型

根据高度可分为绿墙(160 cm 以上)、高绿篱(120 ~ 160 cm)、绿篱(50 ~ 120 cm)和矮绿篱(50 cm 以下);根据功能要求与观赏要求可分为常绿绿篱、花篱、观果篱、刺篱、落叶篱、蔓篱与编篱等。

图 6-51　花架

图 6-52　绿篱

2) 绿篱的作用与功能

① 范围与围护作用。园林中常以绿篱作防范的边界,如刺篱、高篱。绿篱可以组织游览路线,令游人按照所指的范围参观游览。不希望游人通过的可用绿篱围起来。

② 分隔空间和屏障视线。园林中常用绿篱或绿墙进行分区和屏障视线,以分隔不同功能的空间。这种绿篱最好用常绿树组成高于视线的绿墙,如把儿童游戏场、露天剧场、运动场与安静休息区分隔开来,减少互相干扰。在自然式布局中,有局部规则式的空间,也可用绿墙隔离,使强烈对比、风格不同的布局形

式得到缓和。

③ 作为规则式园林的区划线。以中篱作分界线,以矮篱作为花境的边缘、花坛和观赏草坪的图案花纹。

④ 作为花境、喷泉、雕像的背景。园林中常用常绿树修剪成各种形式的绿墙,作为喷泉和雕像的背景,其高度一般与喷泉和雕像的高度相称,色彩以选用没有反光的暗绿色树种为宜。作为花境背景的绿篱,一般为常绿的高篱或中篱。

⑤ 美化挡土墙。为避免立面上的枯燥,常在挡土墙的前方栽植绿篱,美化挡土墙的立面。

6.4.6 立体种植模式

从大乔木到草花,采用多层次立体配植模式,可充分利用植株形态之间的差异。图6-53,选用了圆冠阔叶大乔木、小乔木、高塔形常绿乔木、园冠形常绿乔木、球类常绿灌木、团形灌木、可密植成片的灌木,以及普通花卉型地被等,形成了高低错落的变化。

图6-53 立体种植模式图

案例分析

植物配置分析

图6-54所示为典型的由低到高、层次分明的组合种植。地被呈线性排布,围绕在绿球外侧形成组团边界,地被层植物之间间或跳动,形成色彩、形态的丰富变化。

其中,大乔木植物种类选择有榉树、朴树、栾树、黄连木;小乔木植物种类选择有红羽毛枫、黄栌、金枝国槐等;灌木植物种类选择有红叶石楠、金森女贞、海桐、粉花绣线菊、刺柏、石榴等;地被植物种类选择有二月兰、玉簪、石蒜、鸢尾、矾根、杜鹃、栀子等。

图 6-54 植物配置图

6.5 园林建筑设计

6.5.1 园林建筑及小品设计概述

古人喜欢摆弄植物与山石,也喜欢赋予建筑不同的情感,为之感叹抒怀。张耒《风流子》中云:“芳草有情,夕阳无语,雁横南浦,人倚西楼。”清代李渔曾言:“贵精不贵丽,贵新奇大雅,不贵纤巧烂漫。”

园林中建筑可满足人们生活享受和观赏风景的愿望。在中国自然式园林中,其建筑一方面要求可行、可观、可居、可游;另一方面要求起点景、隔景的作用,使园林游览可移步换景、渐入佳境、以小见大,又使园林的意境更显自然、淡泊、恬静、含蓄。这是中国园林建筑与西方园林建筑大相径庭之处。

6.5.2 园林建筑的作用与分类

(1) 作用

满足功能要求;组成游览路线及风景画面;通过建筑布局对空间进行闭合、限定。

（2）分类(见图 6-55)

1）按传统形式分类

一般分为亭、台、楼、阁、廊、榭、舫、厅等。

2）按使用功能分类

① 文物保护建筑、动植物展览建筑、展览馆、博物馆、阅览室、露天电影院、宣传栏、报栏。

② 服务类建筑:餐厅、茶室、接待室、厕所。

③ 景点游憩类建筑:碑、喷泉、灯、雕塑、桌凳、台、楼、阁、廊、榭、舫、厅、观赏温室。

④ 管理建筑类:办公室、水塔、生产温室及栏杆、园门、园墙。

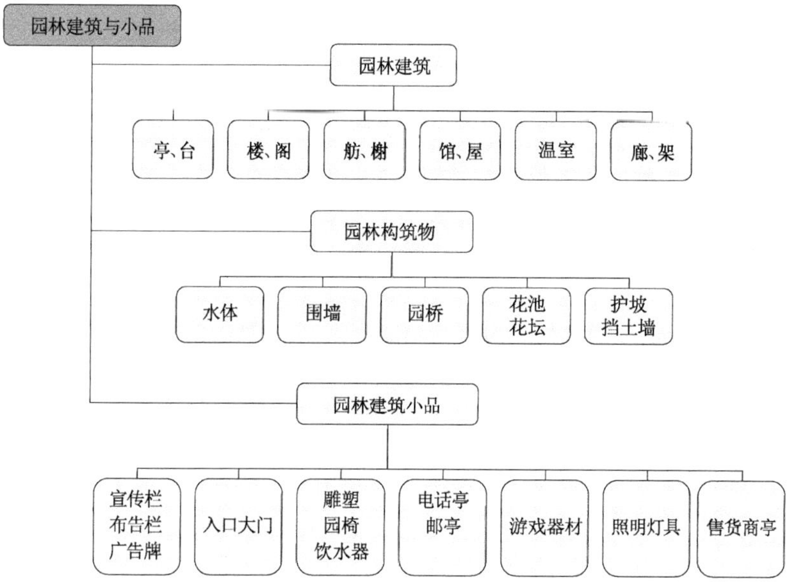

图 6-55　建筑分类图

6.5.3　园林主要建筑的平面形式与位置

（1）亭

“亭者,停也,所以停憩游行也。”亭,为眺览、休息、遮阳、避雨的景点建筑。

① 主要功能:遮雨、遮阳、休息、观景。

亭也可作为主景。在中小型园林中,亭可能就是整个园区的主要景观;在大型园林中,为使空间层次丰富,则规划出若干景区,亭往往成为景区的主景。

另外,亭可作为形体组合中心的活跃元素。如在园林建筑群体景观构成中，亭作为独特的活跃元素常与廊、墙组合在一起。

② 平面形式：依平面形式分有圆形、矩形、正三边形、正四边形、正五边形、正六边形、正八边形、正九边形、凸凹扇形等，如图6-56所示，其直径多为3~5 m。

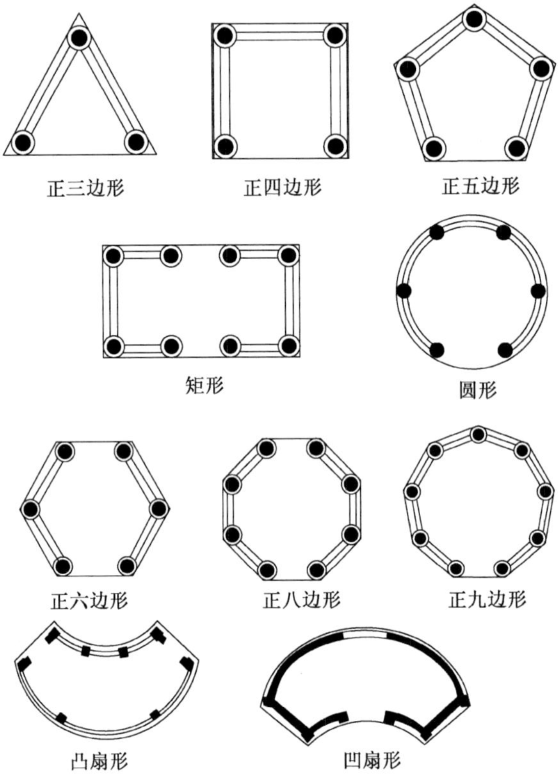

图6-56　亭的平面图

③ 位置：《园冶》中云亭“或立山巅，或枕清流，或临涧壑，或傍岩壁，或处平野，或藏幽林”。从所处位置上亭可分为山亭、半山亭、桥亭、沿水亭（见图6-57）、半亭、廊亭、路亭（见图6-58）等，以临水亭居多（见图6-59）。

图6-57　沿水亭

图6-58　路亭

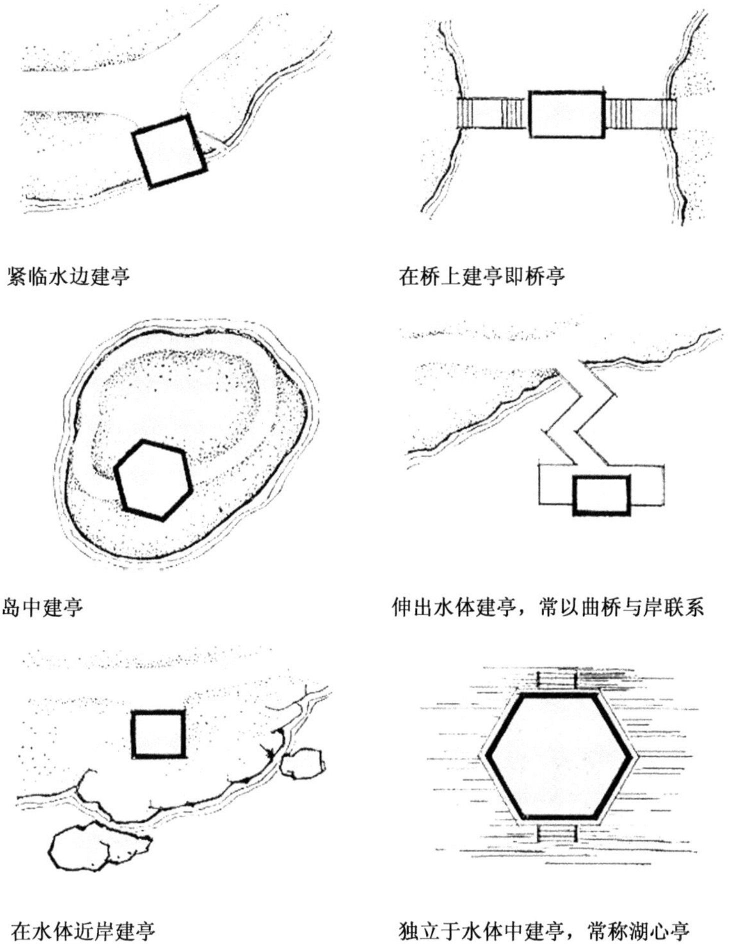

图 6-59　临水亭的位置

（2）廊

① 主要功能：廊在中国园林里应用广泛，除能遮阴、避雨、休息外，其最主要的作用在于引导参观和组织空间，还可作透景、隔景、框景用，使空间产生变化。

② 平面形式：依平面形式廊分有直廊、曲廊、回廊、圆形廊等。

③ 位置：《园冶》中云廊“随形而弯，依势而曲。或蟠山腰，或穷水际。通花渡壑，蜿蜒无尽”。按所处位置廊分有平地廊、沿墙走廊（见图 6-60）、爬山廊、水走廊（见图 6-61）、回廊等。

图 6-60　单面空廊

图 6-61　水廊

（3）花架

① 功能:观赏、休息、聊天;进入其他区域的过渡空间。

② 平面形式:条形、圆形、转角形、多边形、弧形等,如图 6-62 和图 6-63 所示。

③ 位置:可靠近散步道,或与散步道分开,成为独立的区域。

图 6-62 条形花架

图 6-63 弧形花架

(4) 榭

一般指有平台挑出水面观览风景的园林建筑。

① 功能:作休息、游赏、点景用,还可结合布置成茶座、小卖部或游船码头等。

② 平面形式:平面通常为长方形,一般多开敞或设窗。

③ 位置:《园冶》中云:“榭者,借也,借景而成者也,或水边,或花畔,制亦随态。”水谢则要三面临水。

(5) 舫

舫即“旱船”,常用作饮茶之地。舫是仿造舟船造型的建筑,常建于水际或池中。南方和岭南园林常在园中造舫,大多将船的造型建筑化,在体量上模仿船头、船舱的形式,便于与周围环境和谐协调,也便于内部建筑空间的使用。

(6) 厅堂

“堂者,当也。谓当正向阳之屋,以取堂堂高显之义。”

① 功能:会客、家庭会议、家庭聚会等。

② 位置:“凡园圃立基,定厅堂为主。”厅堂的位置确定后,全园的景色布局才依次衍生变化。厅堂一般坐北朝南,向南望,是全园最主要的景观,通常是理池和造山所组成的山水景观。另外,厅堂建筑的体量较大,空间环境相对也开阔,在景区中,通常建于水面开阔处,临水一面多构筑平台。

(7) 楼阁

楼阁,在古代作观景用,现代园林多用作茶室、餐厅和接待室等。

楼阁是园林较高层的建筑,如作房间,须回环窈窕;藏书画,须高深;供登眺,在视野范围内要有可赏之景。楼阁体量处理要适宜,避免造成空间尺度的不和谐而破坏全园景观。

(8) 台

古代祭祀用。现代园林中作观景平台、舞台用,呈多元化功能。

6.5.4 服务性建筑设计

服务性建筑主要包含公共厕所、小卖部等。

(1) 园林公共厕所位置的选择(见图 6-64)

园林公共厕所位置的选择以不影响主景点的游览观光效果、不影响自然与人文景观的整体性、对环境不造成污染为原则。

① 园林公共厕所视具体的游客人群流动方向、分布规模及行为习惯,确定具体位置。

② 选址应避免设在主要风景线或轴线、对景处等位置,位置不可突出,距离主要游览路线要有一定距离。

③ 要注意常年风向及小地形对气流方向的影响,最好设在主要建筑和景点的下风向。

④ 无论在何处营建公共厕所都不得污染任何水源。

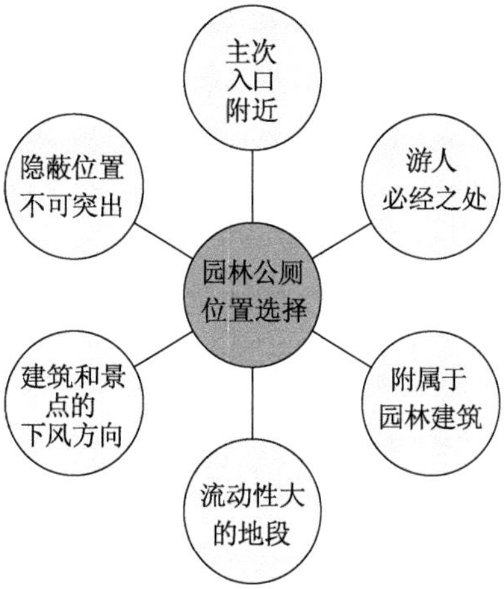

图 6-64 园林公共厕所位置的选择

(2) 园林小卖部位置的选择(见图 6-65)

园林中的小卖部,除了提供小型商业服务外,还要满足游人赏景及休息的要求,因此,其布局、选址至关重要。

① 园林小卖部一般独立设置,选园林景观优美、有景可赏之处。

② 为服务方便,园林小卖部宜疏密有致地分布在全园各处,尤其是人流量较大的地方。

③ 交通方便、运输通畅是小卖部进货、排污等方面的要求。

图 6-65 园林小卖部位置的选择

6.5.4 建筑小品

(1) 园椅、园凳

园椅、园凳是户外空间生命力的体现,如果户外空间没有供人休息的地方,就不会有人停留。园椅、园凳的布置要点:

① 选择在需要休息的地段放置,如池边、岸沿、岩旁、台前、林下、花间或草坪道路转折处等。

② 要考虑园林景致布局和各种活动场所的需要。

③ 要考虑地区的气候特色及不同季节的需要(夏能遮阳、通风,冬能避风、晒太阳等)。

④ 要考虑游人的心理,根据游人不同心理因素、年龄、性别、职业、爱好等布置安静休息区或人流集中区。

图6-66两处座椅的设置都有不合理之处。前者座椅的背景设置灌木而无乔木;后者座椅的背景是花香有异味的石楠,都未能贴心地考虑使用者的需求。所以,设计中相关的设计要点和原则是必须遵循的。

图6-66　不合理的座椅设置

(2) 园灯

① 位置:园林绿地的出入口广场、交通要道、园路两侧及交叉口、台阶、桥梁、建筑、水景喷泉、雕塑、草坪边缘等,因地、因景布置。

② 灯的类型:路灯、高杆灯、庭院灯、草坪灯、射灯、地灯等。

(3) 栏杆

起防护、分隔和装饰美化作用。

① 位置:有危险的地方或有景观要求的地方。

② 高度:台阶、坡地的防护栏杆、扶手栏杆的高度常在90 cm左右;设在花坛、小水池、草坪边及道路绿化带边缘的装饰性镶边栏杆的高度为15~30 cm;而高度为1.1~1.2 m防护栏杆的栅格间距要小于12 cm,其构造应粗壮、坚实,

尽量避免采用木质栏杆。

(4) 宣传栏

宣传栏涉及路牌、报栏、通知、公园平面图等内容，其高度一般为 1.2 ~ 2.2 m。

(5) 果皮箱

果皮箱可设在休息观光道路两侧或候车、贩卖点等行人停留时间较长处。其间距为 30 ~ 50 m，具体数值可根据人流量调整。

(6) 园林的门、窗、墙

① 门：联系和组织景观空间，可采用框景、对景和前、中、后景的组合手段进行设计。

② 窗：园林中常用的有空窗、漏窗、景窗。

③ 墙：是分割、围合空间的人工构筑物，组织、控制和引导游览路线景观构图的重要组成部分，分为围墙、景墙、挡土墙等。其主要功能是丰富庭院景观空间层次。

(7) 雕塑

一般分为纪念性雕塑、主题性雕塑与装饰性雕塑，可作主景设计其位置。

6.6 山石的设计

山石包含假山和置石两部分，本节只论述置石的位置和形式设计。

6.6.1 置石概述

置石，即主要以观赏为主，结合某些功能作用，以山石为材料，作独立性或附属性造景的布置，主要表现山石的个体美或局部的组合而不具备完整的山形。中国人对山石有着特殊的爱好，有“山令人古，水令人远，石令人静”的说法，给石赋予了拟人化的特征。

置石在园林中可作为主景，也可在园林空间组合中起重要的分隔、穿插、连接、导向及扩张空间的作用。如置石分隔水面空间，既不使水景一览无余，又可丰富水面景观。

置石的作用：

① 作铭牌石，又叫指路石。

② 作驳岸、挡土墙、石矶、踏步、护坡、花台，既造景又具实用功能(见图 6-67)。

图 6-67　台阶两侧的置石

③ 利用山石能发声的特点，可作石鼓、石琴、石钟等。

④ 作为室外自然式的器设。如石屏风、石榻、石桌、石凳、石栏，或掏空形成种植容器、蓄水器等，具有很高的实用价值，又可结合造景，使园林空间充满自然气息。

⑤ 作为名木古树的保护措施或树池。

⑥ 以小品的形式出现，如图 6-68 所示。

图 6-68　置石小品

6.6.2 园林置石常用的方法及其特点

(1) 特置山石

特置山石又称孤置山石、孤赏山石。特置山石大多由单块山石布置成独立性的石景,在环境中作局部主题,如图6-69所示。特置山石常在园林中作为入口的障景和对景,或置于视线集中的廊间、天井中间、漏窗后面、水边、路口或园路转折处等地。此外,还可与壁山、花台、草坪、广场、水池、花架、景门、岛屿、驳岸等结合使用。

图6-69 特置山石

特置山石布置的特点:

① 特置山石体量大、轮廓线突出、姿态多变、色彩突出,具有独特的观赏价值。所选特置山石最好具有"透、瘦、漏、皱、清、丑、顽、拙"等特点。

② 特置山石与环境相谐调且突出主景,常石前有"框"(前置框景),石后有"背景"衬托,使山石最富变化的那一面朝向主要观赏方向,并利用植物或其他方法弥补山石的缺陷,使特置山石在环境中生成一幅生动的画面。

③ 特置山石作为视线焦点或局部构图中心,应与环境比例合宜。

(2) 对置山石

把山石沿某一轴线或在门庭、路口、桥头、道路和建筑物入口两侧作对应的布置称为对置山石。对置山石由于布局比较规整,给人严肃的感觉,常在规则式园林或入口处多用。对置并非对称布置,作为对置的山石在数量、体量和形态上无须对等,可挺可卧,可坐可偃,可仰可俯,只求构图上的均衡和形态上的呼应,这样既给人稳定感,亦有情的感染,如图6-70所示。

图 6-70　对置山石

（3）散置山石

散置山石即所谓的“攒三聚五、散漫理之，有常理而无定势”的做法。常用奇数三、五、七、九、十一、十三来散置，最基本的单元是由三块山石构成的，每一组都有一个“三”在内。

另外，散置山石对石材的要求相对特置山石低一些，但组合得要好。常用于园门两侧、廊间、粉墙前、竹林中、山坡上、小岛上、草坪和花坛边缘或其中、路侧、阶边、建筑角隅、水边、树下、池中、高速公路护坡、驳岸或与其他景物结合造景。散置山石的特点在于有聚有散、有断有续，主次分明、高低起伏、顾盼呼应，一脉既毕、余脉又起，层次丰富、比例合宜，以少胜多、以简胜繁，小中见大。此外，散置山石时要注意石组的平面形式与立面变化。在处理两块或三块石头的平面组合时，应注意石组连线不能平行或垂直于视线方向，三块以上的石组排列不能呈等腰、等边三角形和直线排列。立面组合要力求石块组合多样化，不要把石块放置在同一高度、组合成同一形态或并排堆放，要赋予石块自然特性的自由。

（4）群置山石

用多数山石互相搭配布置称为群置山石或称聚点、大散点山石。群置山石常布置在山顶、山麓、池畔、路边、交叉路口及大树下、水草旁，还可与特置山石结合造景。群置山石要有主有从，主次分明，组景时要求石的大小不等、高低不等、间距远近不等。群置山石有墩配、剑配和卧配三种方式，不论采用何种配置方式，均要注意主从分明、层次清晰、疏密有致、虚实相间，如图 6-71 所示。

图 6-71 群置山石

6.6.3 置石与其他要素的融合

(1) 置石与建筑

置石与园林建筑相结合,陪衬建筑物,可在某种程度上打破建筑物的呆板、僵硬,使其趋于自然、曲折(见图 6-72),常见以下几种设置:山石踏跺和蹲配;抱角和镶隅;粉壁置石;花架、回廊转折处的廊间山石小品;漏窗、门洞透景石;云梯等。此外,山石还可作为园林建筑的台基、支墩、护栏和镶嵌门窗装点建筑物。

图 6-72 置石与建筑

（2）置石与植物

置石与植物组景，用石填充植物下部或围合根部，或衬托优美的树姿，二者互为补充，本来呆板、僵硬的山石线条在植物的点缀、映衬下，显得自然随意，富有野趣（见图 6-73）。常用植物有南天竹、沿阶草、迎春、苏铁等。

图 6-73　置石与植物

（3）置石与水体

置石与水体组景，配以佳树。树木使石与环境融为一体，石块在植物的点缀下显得随意自然，水体在浑厚的石块衬托下更显轻盈、活泼、明澈，水石相依的幽静环境，令人流连忘返，如图 6-74 所示。

图 6-74　置石与水体

案例分析

哈佛大学唐纳喷泉

唐纳喷泉是彼得·沃克 1984 年设计的作品，位于哈佛大学校园内人行道路交叉口处，由 159 块花岗岩不规则排列组成直径约为 18.3 m 的圆形石阵，石阵的中央是一座雾喷泉，如图 6-75 所示。

图 6-75　哈佛大学唐纳喷泉

圆形石阵跨越了草地和混凝土道路，包围着两棵已有的树木。石身的一部分被埋于地下，这些石块就像是慢慢地顺势蔓延到草地中一样，在绿草间大树下延伸，自然融合得就像是从环境中自然生长出来的。159 块花岗岩采自于 20 世纪初期的农场，以唤起游人对英格兰拓荒者的记忆，如图 6-76 所示。

图 6-76　唐纳喷泉的圆形石阵

另外一个关于置石的经典案例，来源于安德烈的《石之广场》，它的表达方式与彼得·沃克（Peter Walker）的《唐纳喷泉》完全不同，此处不再详述。

作业

○ 类型:居住区园路与植物设计

要求:现有一居住小区(见图6-77),请设计其园路与植物等相关要素。

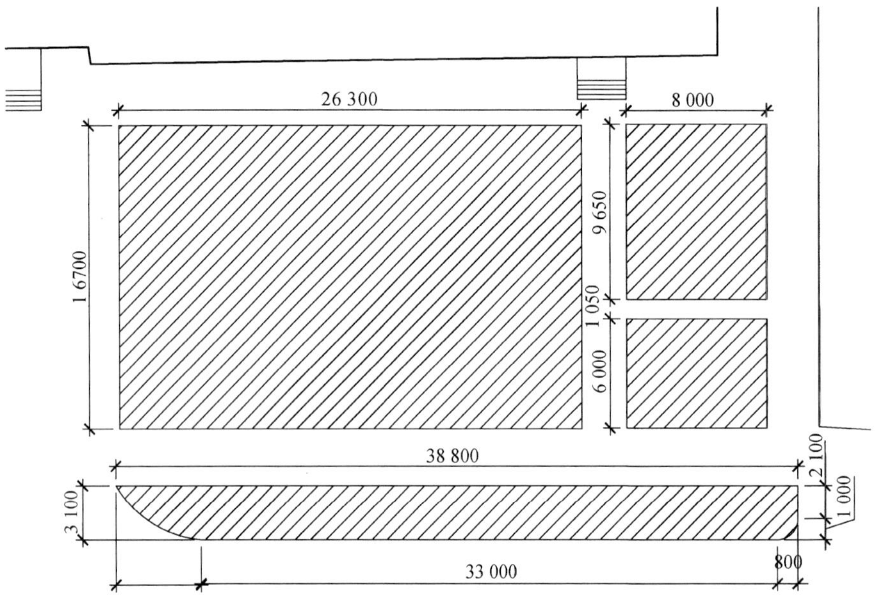

图6-77 居住小区平面图

7
园林手绘色彩表现

7.1 概述

手绘是每一位设计师都应该具备的技能，手绘能力的高低直接影响设计方案草图的构思和立意。手绘还是衡量设计师能力水平的一个重要标准。

手绘设计表现技法根据所采用的工具和材料，分为彩色铅笔、钢笔淡彩、马克笔、水彩和水粉、圆珠笔及综合应用等。为了快速、有效地表达设计意图，通常采用钢笔淡彩、马克笔和彩色铅笔综合表现。

总有园林专业的同学或多或少的抱怨：自己没有绘画功底，不会手绘，更谈不上进行色彩表现。其实不然，任何事情都是一个学习和积累的过程。手绘如此，色彩表现也是这样。

对于初学者，一般都要经历以下过程，无捷径可走。

① 基本练习：包括线条练习，外形及色调、质感、暗部与投影的练习。

② 临摹与抄绘：选择优秀手绘作品，借鉴他人技法，进行专项练习。

③ 写生：选取室外园林植物、小品等要素实景练习。

④ 默写：需要运用记忆力和想象力共同完成，防止长期写生或临摹造成不动脑子分析，单纯抄调子抄颜色。

7.1.1 彩色铅笔

彩色铅笔（见图7-1）是一种非常容易掌握的涂色工具，画出来的效果类似于铅笔。彩色铅笔是用经过专业挑选的、具有高吸附显色性的高级微粒颜料制成的。其颜色种类多，色彩较淡，画面清新简单，大多宜于被橡皮擦去。

彩色铅笔分为两种，一种是水溶性彩色铅笔（可溶于水），另一种是非水溶性彩色铅笔（不能溶于水）。

7.1.2 马克笔

马克笔（见图7-2）广泛应用于各个设计专业的手绘表现中，相对于颜料类色彩，它省去了调色的麻烦，且部分质量好的品牌马克笔色彩透明、耐光性好、笔触融合性强，干后色彩稳定，适于画面的大面积上色、色彩材质表现、光影表现。其中，水性马克笔使用酒精为色彩调和剂，色彩透明性高，颜色叠加性强，不易重复上色；油性马克笔使用油性色彩调节剂，色彩偏昏暗，颜色叠加性不强，但也不可重复上色，可表现微弱的转折关系，油性马克笔适合表现稳重的物体和空间,广泛使用于建筑等。

图 7-1 彩色铅笔

图 7-2 马克笔

7.2 表现方式

7.2.1 彩铅表现

(1) 着色注意事项

着色力度、搭配用色、笔触统一,彩铅表现的平面图如图 7-3 所示(参见彩图)。

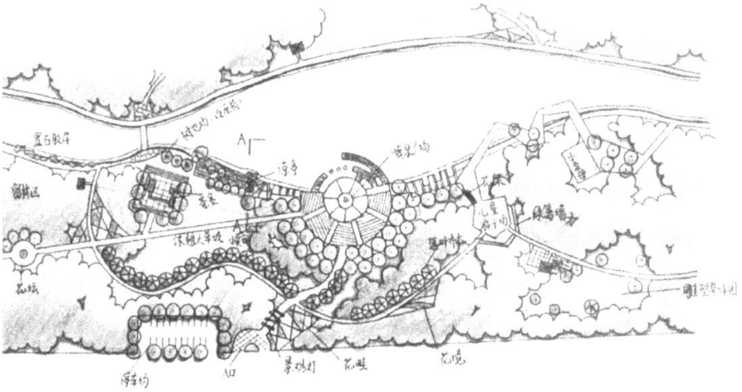

图 7-3 彩铅表现平面图

(2) 绘画步骤解析

① 选择合适的图片为参照,将其空间结构、物体景观、人物配景以线的方式

交代清楚,注意对趣味中心的表现。

② 确定画面的明暗层次,可以先从画面的主要部分开始着色。

③ 给周围绿色植物上淡色,确定物体的固有色。

④ 确定物体的固有色后,将物体的暗部画出,加强画面的层次感。

⑤ 全面调整,拉大画面的明暗关系,强调对主体的表达。

7.2.2 马克笔表现

(1) 着色注意事项

不可在同一区域往复多次上色;注意保留笔触,使用排线上色;线条爽朗,不易使用短碎线条;颜色由浅至深;概括上色,而不是面面俱到。

(2) 练习过程简述

① 笔触练习:使用方格进行笔触练习,注意线条的疏密度和力度,同时培养绘画的艺术性,如图 7-4 所示(参见彩图)。

图 7-4 笔触练习

② 空间体块练习:使用各种基本几何造型,通过色彩塑造出体块的立体感,培养空间构成感;另外,注意多使用色彩的冷暖对比,来区分物体的明暗面,如图 7-5 所示(参见彩图)。

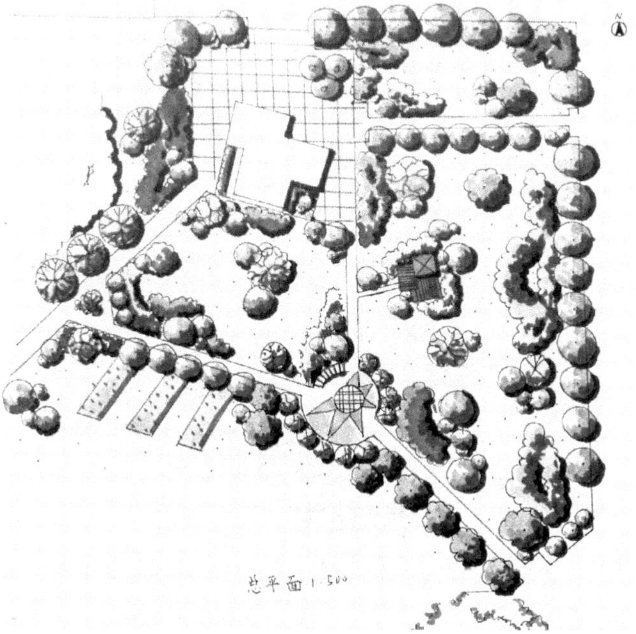

图 7-5 空间体块练习

③ 使用单独的植物、建筑或山石,练习对于物体的结构和空间感的塑造,如图 7-6 和图 7-7 所示(参见彩图)。

图 7-6 植物练习

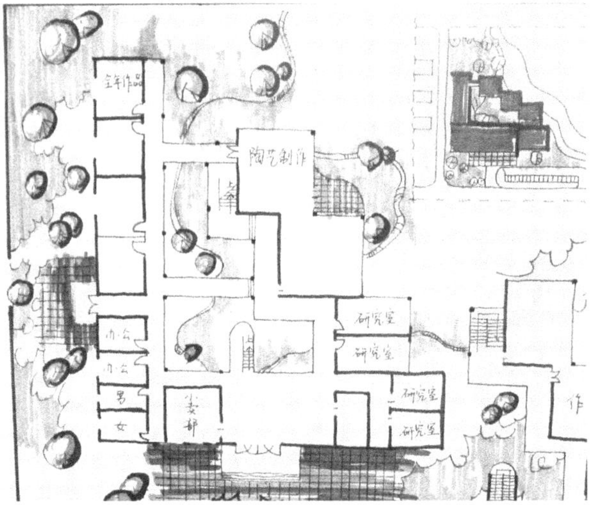

图 7-7　建筑练习

④ 空间练习:使用完整的园林景观线性透视图练习,如图 7-8 和图 7-9 所示(参见彩图)。

图 7-8　空间练习(一)

图 7-9　空间练习(二)

7.2.3 圆珠笔表现

圆珠笔多为蓝色、黑色、红色、绿色，根据不同的颜色在手绘中适当地应用。如用蓝色圆珠笔表现水体的质感有它自身的特点，如图 7-10 所示（参见彩图）。

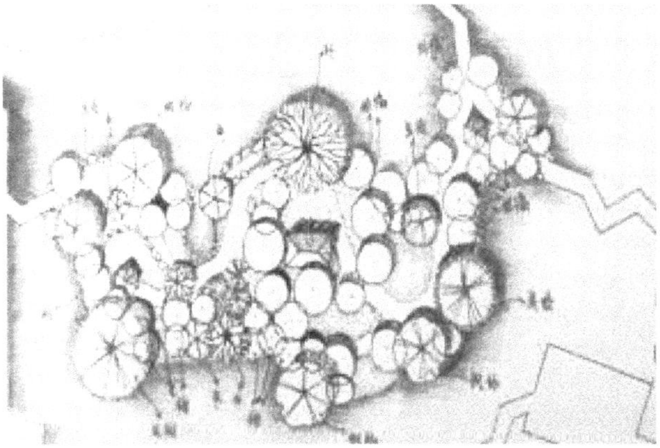

图 7-10 圆珠笔表现

7.2.4 综合表现

在实际的方案设计表现中，一般会应用多种不同的工具、扬长避短，综合性表现，从而形成更好的景观画面，如图 7-11 和图 7-12 所示（参见彩图）。

图 7-11 手绘作品（一）

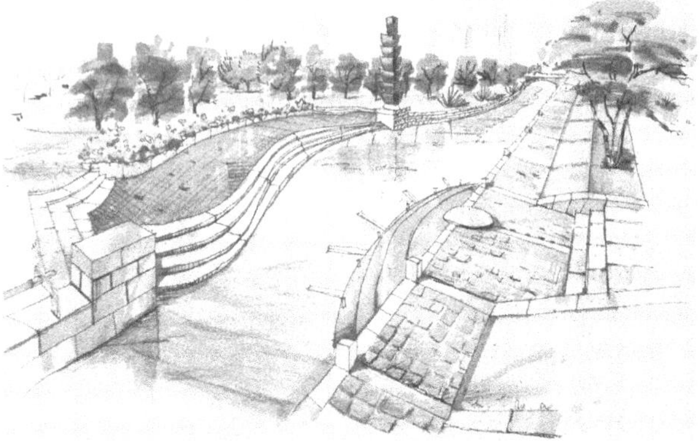

图 7-12 手绘作品(二)

作业

○ 类型:手绘色彩技法练习

临摹给定的图(见图 7-13),使用彩色铅笔和马克笔创作表现。

要求:

(1) 注意物体前后的层次关系和空间关系,注意线条的轻重主次。

(2) 注意着色的主次关系,明确画面基调,画面统一和谐。

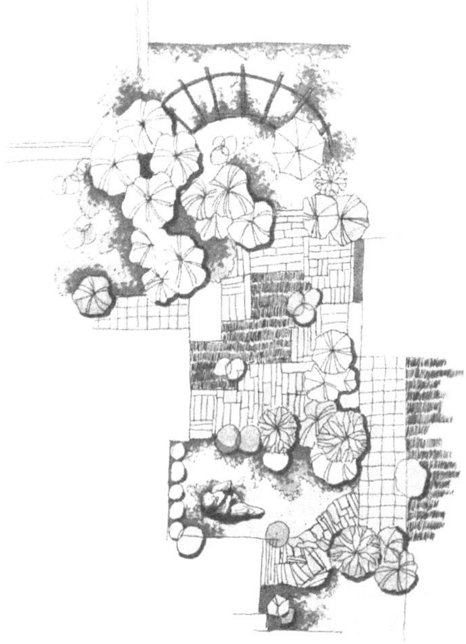

图 7-13 手绘作品(三)

8 园林设计程序与设计文案

8.1 设计程序

8.1.1 认识园林设计

通过前几章的学习我们对园林设计已经有了初步的认识与掌握，本章将以全新的角度再次认识园林设计。

(1) 园林设计的特点与要求

园林设计作为一种创作活动，本身就是个复杂的过程。它不同于单一制图，需要创作主体具有丰富的想象力和灵活开放的思维方式，在理性与感性中转换，在主观与客观中分析，如图8-1所示。

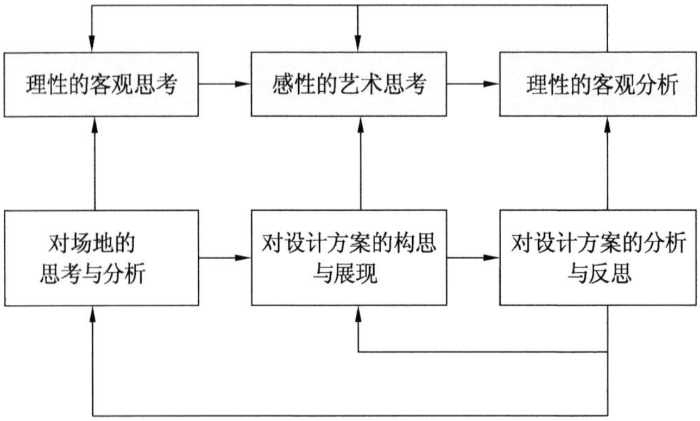

图8-1 设计思维方式图

园林绿地本身的类型是多种多样的，有道路、广场、居住区绿地、公园、风景区等。园林设计者面对各种类型的园林绿地时，必须能够灵活地解决各种矛盾与问题，发挥创新意识和创造能力，才能设计出内涵丰富、形式新颖的园林作品。同时园林设计是一门综合性很强的学科，涉及建筑工程、生物、土壤、社会、文化、环境、行为、心理等多门学科。作为一名园林设计者，必须熟练掌握相关学科的知识。

在设计的过程中，需要科学、全面地分析调研，深入大胆地思考想象，必须综合平衡社会效益、经济效益、生态效益与个性特色之间的关系，方案需不断推敲、修改、发展、完善，在广泛论证的基础上优化选择最佳方案。

(2) 园林设计的过程

园林景观设计的一般流程,如图 8-2 所示。

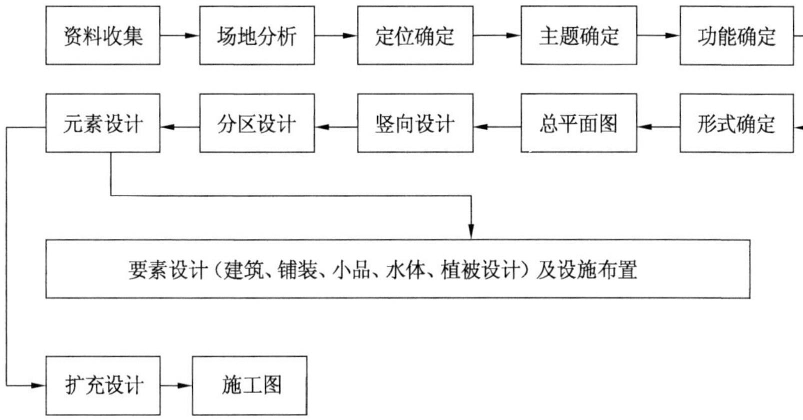

图 8-2 园林景观设计流程图

园林设计是个由浅入深、不断完善的过程。设计者应先进行基地调查,熟悉相关环境,然后进行分析,最后综合各种条件完成设计。这个过程主要包括任务书分析、环境调查分析、方案设计、详细设计和施工图设计五大阶段。这五部分在相互联系、相互制约的基础上有着明确的职责划分。

① 任务书分析阶段。工作的主要内容是了解设计委托方对此项目的具体要求、想法等,通常包括工程名称、规划范围、内容、用地环境、设计要求、时间期限、工程造价等,这些是整个设计的根本依据。设计者要熟知和理解任务书内容,确定合理的设计方向和内容,为下一步深入的设计工作做准备。

② 环境调查分析阶段。工作的主要内容是进行现场调查,搜集与基地相关的资料,对整个基地及其环境情况进行综合分析。通常用各种标记符号、简要的文字说明在现状图上记录调查和分析的结果。

③ 方案设计阶段。工作的主要内容包括确立设计的主题思想、结合活动内容进行功能分区,结合基地条件、空间及视觉构图确定各种使用区的平面位置,包括交通的布置、广场和停车场地的安排、建筑及入口的确定等。常用的图有方案构思图、功能分析图、总平面图等。

④ 详细设计阶段。工作的主要内容是全面对整个方案进行详细的设计,包括确定准确的形状、尺寸、色彩和材料,完成各局部详细的平立剖面图、详图、园景的透视图、表现整体设计的鸟瞰图等。

⑤ 施工图阶段。这个阶段将设计与施工连接起来的环节,根据所设计的方案,结合各工种的要求分别制出能具体、准确地指导施工的各种图纸,清楚地表

示出各项设计内容的尺寸、位置、形状、材料、种类、数量、色彩及构造和结构，完成施工平面图、地形设计图、种植平面图、园林建筑施工图等。

由于各方面条件的限制，在校学生所进行的园林设计更多地集中于方案设计阶段和详细设计阶段。

8.1.2 任务书分析

任务书分析作为园林设计的第一阶段，其目的是通过对设计委托方的具体要求、地段环境、经济因素和相关规范资料等重要内容作系统的、全面的分析研究，为方案设计确立科学的依据。

任务书分析的设计要求包括内容的要求和形式风格的要求两个方面。

(1) 内容的要求

根据园林用地的性质、服务对象的不同，其组成内容也不同。如一个小型的街头休闲绿地基本可满足人们休息、交谈、观景的需要；而一个综合性的公园需具备的功能则较多，包括大众休闲、科普展览、儿童活动、安静休息、园务管理等。根据场地的性质分析出需要设计的内容，弄清楚各项内容之间的关系，进行合理的功能分区。合理的功能分区能保证各种不同性质的活动内容的完整性。

(2) 形式风格的要求

根据不同用地的性质和活动内容的要求来分析其形式风格。布局形式上有自然式、规则式、混合式；设计风格上有现代风格、传统风格。如一般纪念性质的园林绿地布局以规则式为主，给人庄重、肃穆感；而居民区中心绿地的布局多以自然式为主，形成简洁现代、亲切舒适的风格。因此，必须首先准确分析绿地类型的特点，确定风格形式。

8.1.3 环境调查分析

在进行园林设计之前对环境条件进行全面、系统的调查和分析，可为设计者提供细致、可靠的依据。具体的调查研究包括地段环境、人文环境和城市规划设计条件三个方面。

(1) 地段环境

① 基地自然条件：地形、地貌、水体、土壤、地质构造、植被。

② 气象资料：日照条件、温度、风、降雨、小气候。

③ 周边建筑：地段内外相关建筑及构筑物状况（含规划的建筑）。

④ 道路交通：现有及未来规划的道路和交通状况。

⑤ 城市方位：位于城市空间的位置。

⑥ 市政设施：水、暖、电、讯、气、污等管网的分布及供应情况。

⑦ 污染状况：相关的空气污染、噪声污染和不良景观的方位及状况。

据此，可以得出该地段比较客观、全面的环境质量评价。

（2）人文环境

① 城市性质环境：确定是政治、文化、金融、商业、旅游、交通、工业还是科技城市；是特大、大型、中型还是小型城市，这是设计初期必须了解的。

② 地方文化风貌特色：了解和城市相关的文化风格、历史名胜、地方建筑。独特的人文环境可以创造出富有个性特色的空间造型。

（3）城市规划设计条件

该条件是由城市管理职能部门依据法定的城市总体发展规划提出的，其目的是从整体城市的宏观角度对具体的建筑项目提出若干控制性限定要求，以确保城市整体环境的良性运行与发展。

在设计前，要了解用地范围、面积、性质及对于基地范围内构筑物高度的限定、绿化率要求等，主要包括以下两项。

① 经济技术因素分析：是指建设者所能提供的用于建设的实际经济条件与可行的技术水平，其决定着园林建设的材料应用、规模等。它是除功能、形式之外影响园林设计的另一个重要因素。

② 相关资料的调研与搜集：学会搜集并使用相关资料，对于园林设计是非常重要的。资料的搜集调研可以在第一阶段一次性完成，也可以穿插于整个设计过程之中。

调研的内容包括一般技术性了解（对设计构思、总体布局、平面组织和空间组织的基本了解）和使用管理情况调查两部分。最终调研的成果应以图文形式展示。

相关资料的搜集包括规范性资料和优秀设计图文资料两个方面。园林设计中涉及的规范是为保障园林建设的质量水平而制定的，在设计中要做到对规范能熟悉掌握并严格遵守。

任务分析内容繁多，在具体的设计方案中，或许只用到其中的一部分工作成果。但是要想获得关键性的资料，必须认真细致地对全部内容进行深入系统地调查、分析和整理。

8.1.4 方案设计

在对设计要求、环境条件等有了比较系统全面的了解之后，就可以开始方案的设计。本阶段的具体工作包括构思立意、方案构思和多方案比较。

(1) 构思立意

构思立意相当于确定文章的主题思想,构思的优劣决定整个设计的成败。构思立意的方法很多,可以直接从大自然中获得设计素材和灵感,也可以发掘与设计有关的素材,并用隐喻、联想等手段加以艺术表现(本书第2章)。

我国的古典园林之所以能在世界范围内产生巨大影响,归根结底是由于其构思立意非常独特,蕴含意境。寻求独特的构思立意已是当今园林设计的一种普遍趋势,设计师在设计中都力图通过文化、形态或空间的隐喻创造有意义的内容和形式。

(2) 方案构思

方案构思是方案设计过程中至关重要的一个环节,它是在构思立意的思想指导下,把第一阶段分析研究的成果具体落实到图纸上。

方案构思的切入点多样,应该充分利用基地条件,从环境、形式、功能入手,运用多种手法形成一个方案的雏形。

① 从环境特点入手进行方案构思

某些环境因素如地形地貌、景观影响、道路等均可成为方案构思的启发点和切入点。

② 从形式入手进行方案构思

在满足一定的使用功能后,可在形式上有所创新,将一些自然现象及变化过程加以抽象,用艺术形式表现出来。

③ 从功能入手进行方案构思

从功能入手,主要是考虑场地本身所需要提供的各种活动内容。分析场地周边的现状环境与内部用地的关系,合理布置功能分区,尽量满足人们的使用要求。一般绿地都会布置公共的开敞活动场地、较为安静的休息区,或者供儿童活动的区域等,满足人们休息、交谈、观景的需求。一个综合性的公园需要的功能则更多,包括观赏浏览、安静休息、文化娱乐、儿童活动、老年人活动、体育活动、科普教育、服务设施、园务管理等。功能分区的内容随着场地面积的大小而有所增减。

(3) 多方案比较

1) 多方案比较的必要性

多方案比较的最终目的是为了获得一个相对优秀的实施方案。通过多方案比较,可以拓展设计思路,从不同角度考虑问题,进行多方分析、比较、选择,最终得出最佳方案。

2）多方案构思的原则

为了实现方案的优化选择，多方案构思应满足以下原则：

① 多出方案，而且方案间的差别应尽可能大。差异性保障了方案间的可比较性。

② 任何方案的提出都必须满足环境需求与基本功能的实现。

3）多方案的比较

当完成多方案后，将展开多方案分析比较，从中选择出理想的实施方案。分析比较的重点应集中在：设计要求的满足程度、个性特色、修改调整的可能性。

（4）方案的调整

在比较选择出最佳方案后，为了达到方案设计的最终要求，还需要修改调整和深化的过程。

1）方案的调整

方案调整阶段的主要任务是解决多方案分析、比较过程中所发现的矛盾与问题，并弥补设计缺陷。对方案的调整应控制在适度的范围内，力求不影响或改变原有方案的整体布局和基础。

2）方案的深入

在方案调整的基础上，进行方案的细致深入工作。方案深入阶段要落实具体的设计要素的位置、尺寸及相互关系，并准确无误地反映到平、立、剖及总图中来。同时要注意核对方案设计的技术经济指标，如建筑面积、铺装面积、绿化率等。

8.1.5 方案的表现

方案的表现是方案设计的一个重要环节。根据目的性的不同，方案表现可以分为推敲性表现与展示性表现两种。

（1）推敲性表现

推敲性表现是设计者在各阶段构思过程中所进行的主要外在性工作，是设计者形象思维活动的记录与展现。内容包括徒手草图表现、模型表现及计算机模型表现等，使用的具体表现方法视实际情况而定。

（2）展示性表现

展示性表现是指设计者对最终的方案设计的表现。它要求该表现应具有完整明确、美观得体的特点，通过合理的构图、合适的表现充分展现方案设计的立意构思、空间形象和气质特点等。

8.1.6 方案设计中应注意的问题

在方案设计的过程中，为了确保方案设计的质量水平，必须科学合理地安排各阶段的时间进度。平时注意向他人学习，注重相互间的交流，培养不断总结的习惯，逐步提高设计观念，从而改进设计方法。

8.2 设计文案

设计文案是设计者最终提出的一套完整的文本。主要包含设计图纸和总体设计说明书等内容。

(1) 设计图纸内容

主要的设计图纸内容如下：

① 位置图，表示该基址在城市中的位置。

② 现状图，对现状作综合评述。

③ 分区图，确定不同的分区，划出不同的空间。

④ 总体设计方案图，包括总平面图、平面图、立面图、剖面图、效果图。

⑤ 地形设计图，为全园的骨架。

⑥ 效果图。

⑦ 道路总体设计图。

⑧ 种植设计图。

⑨ 管道总体设计图。

⑩ 电气规划图。

⑪ 园林建筑布局图。

⑫ 鸟瞰图，要求在尺度、比例上尽可能准确地反映景物形象；除表现园景本身，也要求画出周围环境。另外，设计时注意空间感、层次感、真实感，树木以15～20年树龄的高度为画图依据。

实际工作中，可根据建设者的要求或者项目的大小不同，对以上12种图纸有所选择，有所侧重，但总体设计方案图、效果图、现状图以及鸟瞰图等一般都在其中，如图8-3所示(参见彩图)。

图 8-3　平面图、鸟瞰图及地域分析图

（2）总体设计说明书

总体设计说明书包括：位置、现状、面积；工程性质、设计原则；功能分区；设计主要内容；管线、电讯规划说明、管理机构等。

9 园林空间设计

创造空间是园林设计的根本目的。每个空间都有其特定的形状、大小、材料、色彩、质感等构成要素，它们综合地表达了空间的质量和空间的功能作用。设计中既要考虑空间本身的质量和特征，又要注意整体环境中诸空间要素之间的关系。

9.1 空间概述

老子的《道德经》中有关于空间的记述："三十幅共一毂，当其无，有车之用。埏埴以为器，当其无，有器之用。凿户牖以为室，当其无，有室之用。故有之以为利，无之以为用。"

可见，房子的实体存在于被屋顶和墙壁围起来的空的空间，而不是屋顶和墙壁本身。水壶的用处在于它是空的，水可以倒进去，不在于水壶的形状或是用什么材料制成的。

园林空间的本质在于其可用性，即空间的功能作用。如果一片空地，无参照尺度，就不成为空间，一旦添加了空间实物进行结合便形成了空间，如图 9-1 所示。容纳是空间的基本属性。

图 9-1 园林空间的形成

每一个空间，从设计上应该追求 3 个层次的目标：

① 每一个园林空间首先应该是人们进行某种或多种特定活动的场所。设计构想期，设计者应该明了所设计的空间究竟是供什么人在里面做什么用的？是静坐冥想，还是闲坐清谈？是散步浏览，还是驻足细观？是凭栏观鱼，还是极目远眺？是认识植物长见识，还是瞻仰名人开胸怀？是戏水，还是登山？是阳光浴，还是纳清凉？目的既明，要做好它就相对容易了，至少可做到基本合理。

② 园林空间应该提供给身处其中的人独特的"景观感受"。如这是临水空间，那是树荫空间；这是艺术空间，那是野趣空间；这是热闹空间，那是幽静空间

等。设计者应有非常明确的概念，当这种景观类型概念明确的时候，选用什么样的素材和植物相对来讲也就比较容易了。

③ 园林空间应该追求“画外有音”，也就是要有意境、有主题思想。这是看一个园林设计能否上升到“园林艺术”的关键所在！设计者能赋予园林空间什么样的意境倾向和文化内涵，取决于设计师自身的思想认识深度及文化修养。

9.2 空间构成要素

不同外部空间具有不同的心理影响力。如站在广阔的平原上，懦弱的人会觉得压抑、孤独且缺乏保护。如果听任其自行其是，他们会很快奔向遮蔽所或志同道合的人群。然而在同一平原上，坚强的人会觉得那里有自由和活动的空间而跃跃欲试，想飞跑、想跳跃、想欢呼。水平地面不只容纳，同时也诱导了大规模活动的开展，如马球场、橄榄球场、足球场和田径场上的活动。如果在这片一览无余的土地上设置一个笔直的突出物，就会成为引起高度兴趣的要素和可视区域的方向标识点。人们会被吸引过去，围着它聚集起来，并在其基面上休息，如图9-2所示，宽阔的水面中矗立的亭和其他的单体建筑自然而然地成为人们驻足休息的地点。

图9-2 主体建筑在广阔空间中的作用

其实，此微小的自然现象反映了人类固有的自我防卫的倾向，一个竖向平面或墙意味着庇护则能提供这种保护。两个相交义的竖直平面增强了防御感，它们提供了一个可以退入的角落，从那里瞭望整个区域，看是否有侵袭者或猎物。垂直面的增加可界定出更多的角落和空间，进一步通过增加顶面覆盖来强化空间的控制。这类空间的尺度、形状和围合度是通过相互作用、相互制约、界定空间的平面体现的。空间可令人激动或使人放松。无论是运动、休憩或是聊天，人们都会被那些适合需要的空间所吸引。

对于那些看来与人们想象中用途不相适合的空间，人们会排斥它，至少对其不感兴趣。日本人已在他们的景观设计中学会了发展一种符合人体固有尺度和个性化特征的空间，这种空间只在有适当人存在时才是完美的。如日光(Nikko)寺院花园，只有当寺院住持和他的追随者们安然坐于低矮而宽阔的台阶上，或在枝丫横生的松树间、安静的池塘边沉思漫步的时候，它才是完美的。新宿(Shinjuku)皇家花园，曾经有种绝妙的美丽并被修饰得完美无瑕，但没有国王在场，它看起来似乎有些不尽完满。当代美国人的家庭和花园是作为一个整体加以规划的，它提供一种内部和外部空间的平衡组合，这样设计是为了适应和满足家庭成员及朋友们的需要。

某些空间是人为控制的，如人手臂的可及范围或轿车的转弯半径决定尺度。而另外一些空间则控制我们，如美国大峡谷高得令人眩晕，深不可测的峡谷风景深深震撼了游览者。弗吉尼亚的蓝岭公园大道把游览者有意识地带到悬崖边。另外，在一些狭长的走廊中，人类会如一只在苍茫天穹下的蚂蚁一样惊惶于自己的渺小，身处峨眉山的“一线天”时(见图9-3)，更多的是希望离开而最终见得“又一村”。英格兰神秘的巨石环，一处在荒野之上由粗重的石柱和石梁砌成的巨大的圆形空间，强烈地提醒着人们，即使新石器时代的人也知道空间有着激励或挫败人类的力量。他们似乎已意识到人的灵魂会因敬畏之情而升华，人的心灵在体验渺小中得以重生。在微观和宏观空间之间，我们可将空间规划成尺度上无限大的形式，但空间容积永远也不该是随意的。

一般认为构成空间应具备三大要素，即地面、顶面和垂直面，也就是所说的“地、顶、墙”。

空间的存在及其特性来自形成空间的构成形式和组成因素，空间在某种程度上会带有组成因素的某些特征。顶与墙的空透程度，存在与否决定地的构成。同时，地、顶、墙各自的线、形、色彩、质感、气味和声响等特征综合地决定了空间的质量。但是，成熟的设计者一般会撇开地、顶、墙诸要素的自身特征，只从它们构成空间的方面去考虑，然后再考虑诸要素的特征，并使这些特征能准确地表达所希望形成的空间的特点。对于初学者而言，必须从这些基本要素入手学习，二者并不矛盾。

图 9-3 峨眉山“一线天”

（1）底面

① 当只有底面要素时，空间无封闭感，限定要素对人的视线无任何的遮挡作用。

② 底面的材料、形式、色彩等的变化说明了空间的变化，如图 9-4 和图 9-5 所示。

图 9-4 不同底面形式构成不同空间

图 9-5 不同底面铺装构成不同空间

（2）顶面

① 当具有顶面要素时，人的视线不被限定，但有一定的隐蔽感、覆盖感。

② 顶面围合的形式、特点、高度及范围对它们所限定的空间特点产生明显的影响。

③ 外部空间顶面是自由的。顶面空间的形式、高度、图案、硬度、透明度、反射率、质地、符号等程度明显影响着空间的特性，带给使用者不同的感受，如图 9-6 所示。

图 9-6　空间顶面形式

试一试

假想自己是这6个空间的使用者，不同的顶面形式带给你的感受是什么？请描述。

(3) 垂直面

① 寻求私密的围合。

② 围合的特征：形式和材料是无限的，但要使围合适用于空间的用途。

③ 对视觉的控制：外景视线可开敞、因借。突出内部景物，视线可集中。

④ 垂直方向上的要素越多，空间围合感越强，限定度越高；完全围合时，限定度最高。

9.3　空间的形式

园林中的空间有容积空间、立体空间及两者相合的混合空间(见图9-7)。

① 容积空间：围合，空间为静态的、向心的、内聚的，而且空间中墙和地的特征较突出。

② 立体空间：填充，其空间层次丰富，并有流动和散漫之感。

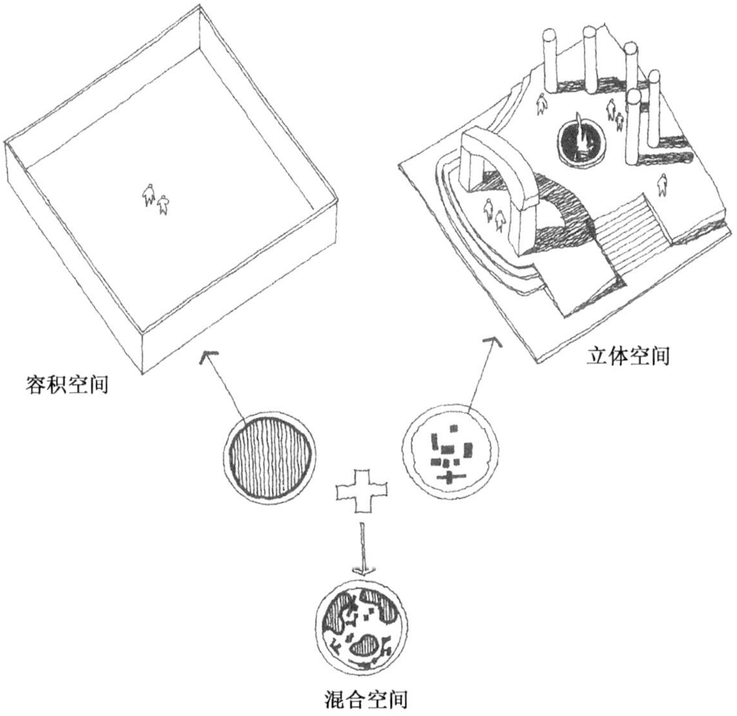

图 9-7 容积空间、立体空间和混合空间①

不同的空间类型所产生的环境心理效应是不同的，高耸的纪念碑给人以崇高和庄严之感，而自然式的公园给人轻松愉悦感等。

设计师设计时应根据项目的不同定位来营造所需要的空间类型，或根据设计的需要在同一基地内部营造不同品质的空间序列。

9.4 空间的封闭性

空间的围合质量与封闭性有关，主要反映在垂直要素的高度、密实度和连续性等方面。

高度分为相对高度和绝对高度。相对高度是指墙的实际高度和视距的比值，通常用视角或高宽比 D/H 表示。绝对高度是指墙的实际高度，当墙低于人的视线时，空间较开阔；高于视线时，空间较封闭。空间的封闭程度由这两种高

① 格兰 · W · 雷德：《景观设计绘图技巧》，王俊等译，安徽科学技术出版社，1998 年，第 106 页。

度综合决定。

影响空间封闭性的另一因素是墙的连续性和密实程度。同样的高度,墙越空透,围合的效果就越差,内外渗透感就越强。另外,不同位置的墙所形成的空间封闭感也不同。

9.5 空间处理

(1) 空间的分类

空间分为单个空间和多个空间。

① 单个空间:强调空间的大小和尺度、封闭性、构成方式及构成要素等特征。

② 多个空间:强调空间的对比、渗透、序列关系等内容。

(2) 空间的形式

空间的形式确定取决于以下几个方面:

① 空间的大小由其功能要求和艺术要求决定。

② 不同性格的空间处理方式不同。

③ 丰富园林空间的获得,一般可采用添加景物层次,如廊、门洞、借景、划分空间及加强空间的对比等方式完成。

④ 空间的整体序列关系安排可采用"对比、渗透、引导"等完成。其中空间对比是丰富空间的关键,形成空间变化的重要手段。当将两个存在显著差异的空间布置在一起时,两者由于形状、大小、明暗、动静、虚实等特征的对比,而使这些特征更加突出。

案例分析

瞻园入口空间处理

地点:南京

方案介绍:瞻园是南京现存的历史最久的一座园林,至今已有六百余年的历史,以假山著称,园名以欧阳修的"瞻望玉堂,如在天上"诗句命名。

瞻园入口处采用从一个暗小空间进入较封闭空间,再到半开敞空间,最后视线开阔,形成空间开敞的空间设计,如图 9-8 所示。此处的设计处理值得借鉴。

人流所经的空间序列应当完整而连续。进入建筑是序列的开始,要处理好内外空间的过渡关系,把人流由室外引导至室内,使之既不感到突然,又不感到平淡。出口是序列的终结,不可草率从事,应当善始善终。内部空间之间应有良好的衔接关系,在适当的地方还可以插进一些过渡性小空间,起收束作用,并加强序列的节奏感。对人流转折处要认真对待,可用引导与暗示的手法来提醒人们:是转弯的时候了,并明确指出前进的方向。转折要自然,保持序列的连贯性。

在一个连续变化的空间序列中,某一种空间形式的重复和再现,有利于衬托主要空间(重点、高潮)。如果在高潮前,重复一些空间形式,可为高潮的到来做好准备。

室外空间的范围可以是无限的、只受地平线的限制;也可以是有限的,如两棵雪松之间的空间。塑造外部空间时,设计者不像在建筑或工程建设中那样,要受材料、形式和尺度的限制,而可采用所有的人造材料及自然材料。如海滨空间可回归自然,有着贝壳遍布的海滩、被冲击的纠缠交错的藤本植物、起伏的浪涛和灿烂的天空。景观路上由公寓大楼框出的复杂的城市公园空间,可进一步由切割石板拼花的铺装路、修剪过的紫杉、旋转的黄铜喷水池、光滑的瓷砖和波光粼粼的水面等限定。外部空间可由沙子、开阔的天空和颤动的白杨叶丛很松散地限定;或可由水磨石镶嵌的铺装地面、磨光的大理石墙面、镂花的红木板、有色玻璃、图案丰富的陶瓷壁画和色彩明快的天篷等紧密地围合。所有外部空间,无论是限定的还是自由的,都由3个空间要素构成:底面、顶面和垂直的空间分隔面。

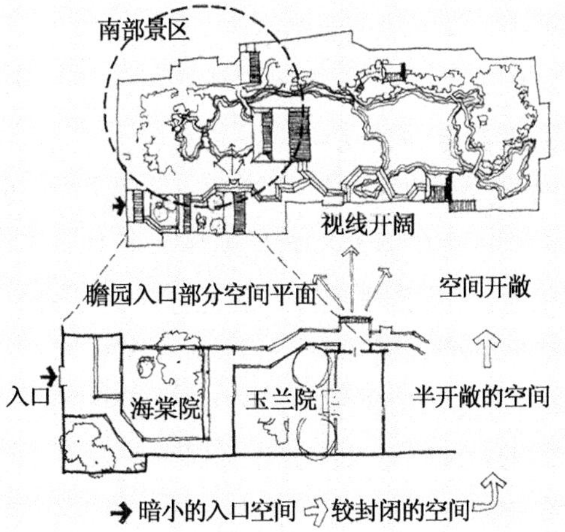

图9-8 瞻园平面图

9.5.1 “地”的处理

底面和用地的安排关系紧密,因为设计者最关心的“用途”就落实在这个空间底面上。从一个项目的规划中看到的就是将什么放于这个底面上,设计者不仅要确立各类用途,还要确立规划上每个用途彼此间的关系。底面经常是地球的自然表面。由于地表土层有薄有厚,土壤的水分和养分及植被各不相同,所以底面实质上是各种生物的生息之地。明智的设计者决不会无缘由地扰乱或调整自然地表。任何调整都应该是在保护项目场地质量的前提下,对预计用途的实现。

关于“地”的处理,国外给我们提供了很多范例或经典的描述。

知识链接

国外的一位设计师说:“土壤及其包含湿气和冰冻是强有力的侵蚀者和腐蚀者。”所以,从建设的角度看,选择将要置于土地中或与土地相接触的材料时,必须极度小心。对于室外空间,我们把底面与自然建筑材料如石头、砾石、沙子,以及诸如砖、混凝土、沥青和瓷砖这类建筑材料联系在一起。这些材料似乎能与地表共处。而多数其他材料,包括未经处理的木材和未经镀膜的金属,则很快就会腐烂或生锈。

接着这位设计师又说:“就是在底面下我们建起了我们的交通线,它们最好顺应自然地形。违背地形必然导致耗资巨大的土方填挖且需要昂贵的排水结构。另外,在受干扰的地表区域,必须重新建立繁茂的植被覆盖以美化地表和防止毁坏性地表侵蚀。研究表明:世界上最稳定且最美丽的快车道和高速路都沿山脊和谷底而行,在穿越坡度最适宜的地方随地形坡度时起时落。也许这类快车道如此怡人的原因在于它们的动力流线基本上与自然形态和地球引力和谐统一。如果我们能就这一点请教我们的朋友柏拉图,他也许会赐以哲人的赞许。底面上的每一个物体都有其规划上的重要意义。如果某个物体要发生变化或保留或移走或修改,我们都必须有针对性的详加考虑,或对其移走的方式进行研究或对其修改的程度加以分析。设计师必须像看管人员一样,认识到所有应用于这一平面的材料、质地都应认真选择,以便于在这个项目的整个使用过程中能够持久耐用且保持良好的外观。地表或水平或扭曲或倾斜或阶梯状,它们是所有建设的基础。这就是所有物体将置于其上、其中或绕于周围的平面。项目最基本

> 的规划形式也将建立在这个平面上。地表的处理对于实现恰当的过渡是很重要的。基础的形状和模式如果处理得很好，可以很微妙而强有力地把建设要素与场地及其他部分联系在一起。

对于初学者而言，我们需要从中领悟、思考、反复练习，方能借鉴。

（1）材料的选择

材料选择的原则有：

① 根据使用性质（交通、视觉）选择；

② 如果是控制使用，则用水面或行走不易的材料使人无法通过或到达；

③ 表面的色彩、图案、质感是材料选择的关键；

④ 避免使用易产生噪音、反光和起灰尘的材料；

⑤ 较耐用、不易磨损的材料应用于要求使用强度较高的地段；

⑥ 材料应来源方便、养护容易、费用低。

（2）地的视觉效果

地的材料选择（质感、硬质与草地）、平面形状、分隔、图案、质感、尺度的不同，会给使用者带来不同的视觉收获。

9.5.2 顶的处理

顶面可轻盈，如半通透的织物或叶子组成的格网；也可坚固，如横梁、厚板或钢筋混凝土。它可以是多孔的、穿透的或百叶窗式的。如果牢固，它不仅能控制阳光、雨水，也能通过自身的透明度或悬垂的限度来控制光线的质与量。为了领略既定空间的光影效果，我们只需要考虑表现光线无数特性中的几种。色彩上，光线可以是珍珠色、乳白色、琥珀色、钴色、柠檬色、水色、墨色、硫黄色或银色；强度上，可从黯淡、柔和、透明到明亮、耀眼、刺目。光的运动，可直射、可穿透、可振动、可跳跃、可闪烁、可潜行。

另外，固体的顶面可遮挡或调节自然光线，或者作为直射或反射光的光源。如果顶面洞穿或部分开放，在视觉效果上顶面可能就没有它所投射的阴影重要。因此，可以把这样的顶面想象成一个盘子或有图案的屏幕，它悬于太阳运行轨迹和介质面之间，这个介质面是光线投射所在，阴影在其上移动。通常，空间的天棚要保持简洁，因为其多用于感受而少用于观看。

垂直要素是空间的分隔者、屏障、挡板和背景，空间的三个面中垂直面是最显眼且最易于控制的，在创造室外空间的过程中具有最重要的作用。垂直面容纳和连接着用地区域，可紧紧地控制围合它们。如使用砌石墙体，或更松散地用植被界定室外空间。

9.6 园林空间类型与空间围合

园林中的空间根据境界物的不同分为不同种类，主要有以地形为主组成的空间、以园林建筑为主组成的空间（庭院空间）和以植物（主要乔木）为主组成的空间和三者配合共同组成的空间四类。

（1）地形

① 地形构成空间的基本骨架。

② 地形分割空间，加深空间的深度和层次。如可采用山丘进行实隔，也可采用水体进行虚隔等。

通过地的形式图案、色彩和起伏可以获得丰富的环境、提高空间的质量，还可改变空间的使用性（见图9-9）。另外，倾斜的坡面是展示观赏因素的有利因素（见图9-10）。

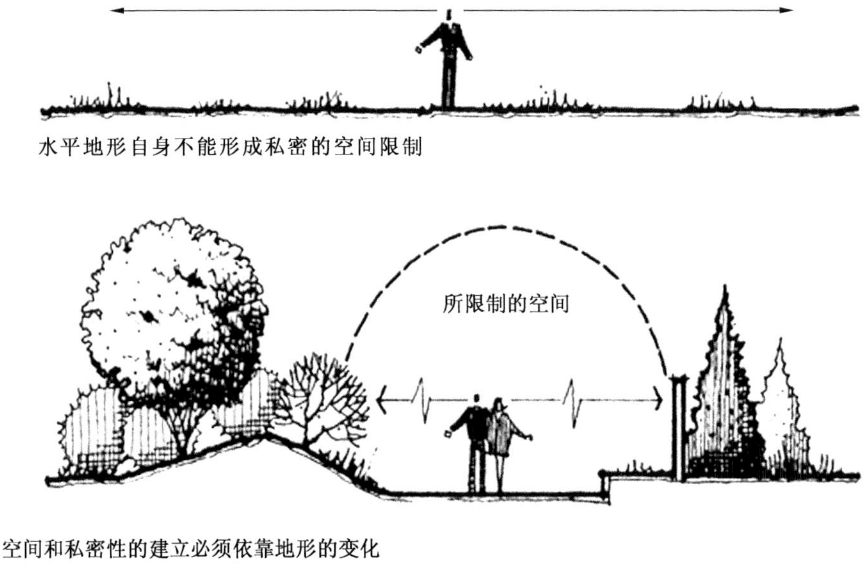

图9-9　地形改变空间的使用性①

① ［美］格兰.W.雷德著：《景观设计绘图技巧》，王俊等译，安徽科技出版社，1998年，第82页。

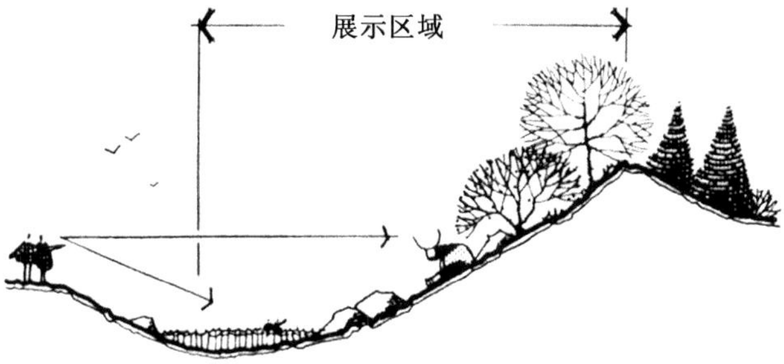

图 9-10 倾斜坡面的景观设计

③ 水体:利用水体水位的高低变化同样可组织空间。

总之,地形能影响人们对空间的范围和气氛的感受。起伏平缓的地形在视觉上缺乏空间限制,给人以轻松感和美的享受;斜坡、崎岖的地形能限制和封闭空间,极易使人造成兴奋和恣纵的感觉。

(2) 建筑

园林中应用通常建筑物外墙围合空间或建筑物本身进行空间的围合。

① 墙面高度不同,产生的封闭感不同,所以给人的感受也不同,如表 9-1 与图 9-11 所示。

表 9-1 墙体空间尺度

墙体高度/cm	空间特点
30	封闭性弱,区别领域
60 ~ 90	感觉上有连续性,封闭性弱
120	给人以安全感
150	产生一定的封闭性
180	具有明显的封闭性

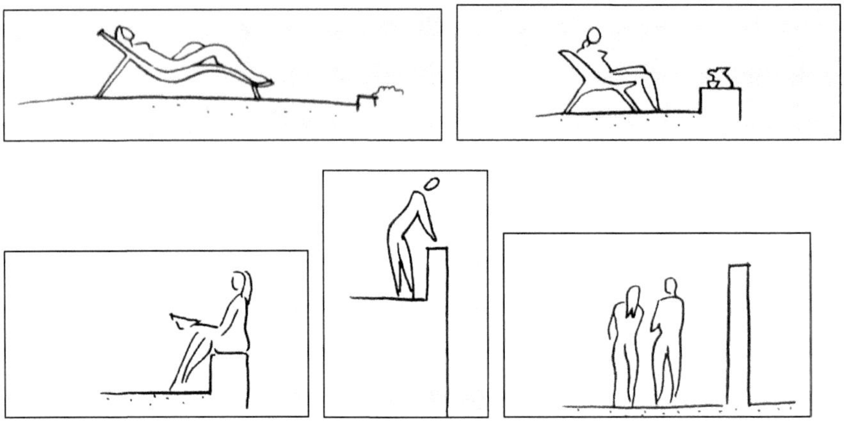

图 9-11　墙高不同给人感受不同

② 墙面形状不同,其封闭感也不同。如圆柱具扩散性,无封闭性;转角空间封闭性较差。

(3) 植物

① 植物的高度不同,产生的空间作用也不同,如表 9-2 表示。

表 9-2　植物空间尺度

类型	高度/cm	与人体高度	空间特点
草坪	<15	踝高	底面
地被	<30	踝膝之间	丰富底面
低篱	40～50	膝高	组织人流
中篱	90	腰高	分割空间
中高篱	150	视线高	围合感
高篱	180	人高	全封闭
乔木	500～2000	树下活动	上围下不围

② 植物围合空间的基本方式。

a. 围上不围下:主要以大乔木完成。

b. 围下不围上;主要以灌木完成。

c. 上下围合;主要采用乔木 + 灌木的方式。

d. 与建筑物共同围合(见图 9-12)或与小品共同围合(见图 9-13)。

e. 与地形共同围合,加强、削弱、协助地形(见图 9-14)。

f. 植物围合空间常见形状有矩形、锥形、V 形。

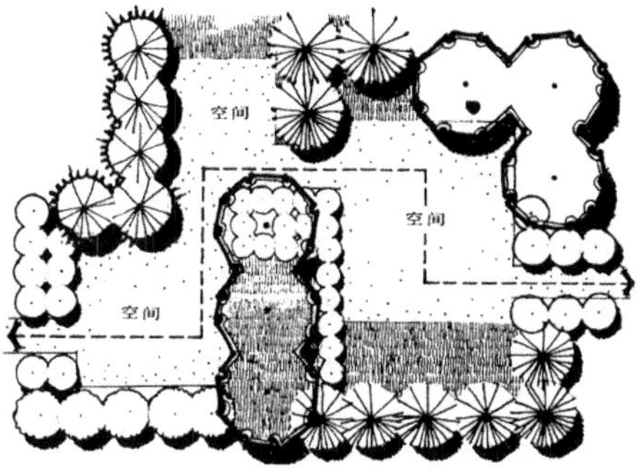

图 9-12 植物与建筑物共同围合

图 9-13 植物与小品共同围合

(a) 植物减弱和消除由地形构成的空间

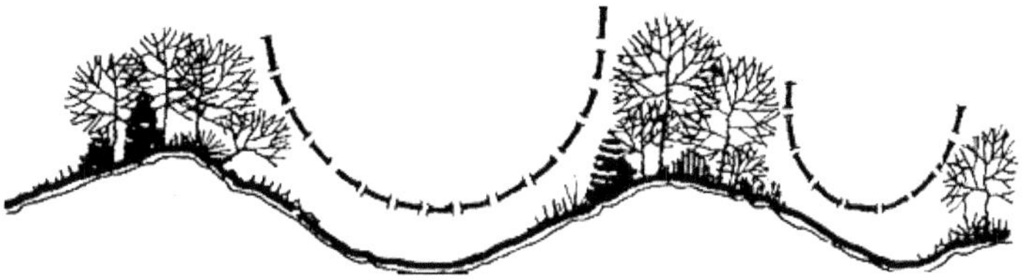

(b) 植物加强和协助由地形构成的空间

图 9-14 植物与地形围合①

（4）要素之间共同围合空间

实际的空间设计中，可选择以上两三种方式构成空间的共同围合，从而避免画面的单一感。例如，植物和地形结合，可强调或消除由于地形的变化所形成的空间；建筑与植物相互配合，更能丰富和改变空间感，形成多变的空间轮廓；三者共同配合，既可软化建筑的硬直轮廓，又能提供丰富的视域空间，园林中的山顶建亭、阁，山脚建廊、榭，就是很好的结合体现。

① ［美］格兰·W·雷德著：《景观设计绘图技巧》，王俊等译，安徽科技出版社，1998 年，第 84 页。

9.7 园林空间色彩构图

(1) 考虑游人的行为需要

由于游览者阅历不同、年龄不同、阶层不同,对色彩也有不同的偏爱。在设计时要充分考虑到游览者的需要,调查设计对象属于哪类性质。如少年儿童喜欢鲜艳的色彩,以他们为主的环境内,可以多种植色叶植物,其建筑的色彩也可以鲜艳些。老年人需要轻松、冷静的环境,设计时可以绿色植物为主。同时,安静休息区的色彩以冷色调为主,而运动场所的色彩可以稍丰富些。

① 不同的色彩给人的心理感觉不同,设计时应考虑到色彩给人的心理感觉。

绿色,是一种冷静、清新而雅致的色彩。它代表着大自然,有几许郊野的气息,在绝大多数场合都适合使用,在这方面绿色超过了任何一种色彩。绿色的不同色调非常适合组配在一起。深色、浓艳的绿显得微妙,而柔和的绿色使人提神醒脑,感到轻松愉快。

蓝色,是一种冷静、清新的色彩,使人联想到水、天空,可使环境变得宽敞宁静;时常被曲解为冷漠,有时被错误地使用。

紫色,是一种有影响力的色彩,能引起一些特殊的情感。这一点也许源自紫色的组成成分,它是把两种对立的色彩——引人注目的红色和冷静的蓝色混合在一起形成的。紫色给人带来历史感和庄严的联想,但也表示色情和财富。如果少量使用它的柔和色调,可能获得最佳效果。

白色,用科学词语描述,是使所有色彩按照等分混合在一起形成的。白色能特别有效地反射光线,且能很好地增强其他色彩。可是过多的白色显得过于冷清,需要用一些方法使它活跃起来。因为所有的色彩都让位于白色,所以在白色附近挑选配色时要特别注意。

黑色,是缺少所有色彩形成的。但是黑色和白色一样都是色彩设计中重要的媒介物。黑色具有惹人注目的交替性,它既表现出时髦和深奥微妙,又和其他色彩区域形成完美的对比。

灰色,似乎是一种最新颖、最具独特风格的色彩,它受到注意是最近几年的事情。灰色与绝大多数色彩对比效果极佳,它的色彩显得潇洒并增强了色块影响力。许多人认为灰色太单调,但如果使用得当,灰色能产生极妙的效果。

粉红色,虽然属于红色的浅色调,但实际上与红色有极大的差异。可与红色形成对比，表现出极乐、豪华和异常的安宁。

棕色，是一种非常朴实的色彩，与淡淡的“较弱”色彩，如黄色，形成自然的对比。应避免大量使用棕色，可少量使用或选择合适的材料，如软木和原木，这些材料使人自然联想到棕色。棕色还是一种安宁的色彩，能很好地成为明亮的重点色的背景。

② 不同季节应考虑不同色调，注意季相搭配。如夏季用蓝、紫等冷色系的花；早春用红、橙、黄等暖色系；嫩绿色、翠绿色、金黄色、灰褐色就可以分别象征着春、夏、秋、冬。

要注意植物的季相变化，树群的外貌随四季都有变化。如采用以大乔木为广玉兰，亚乔木为白玉兰、紫玉兰或红枫，小乔木为紫薇、垂丝海棠，大灌木为山茶、含笑、木芙蓉、紫荆和石榴，小灌木为火棘、麻叶绣球所配置的树群。广玉兰为常绿阔叶乔木，常年作为背景。山茶最先开花，三月中旬金钟、白玉兰、紫玉兰开花，黄、白、紫相间又有深绿广玉兰作背景；四月中下旬，绣球白花和大红山茶花形成鲜明的对比，含笑又继续开花，芳香浓郁；七月间，火红的石榴花绽放，接着是紫薇与木芙蓉；十月间，火棘结出红色硕果，红枫叶色转为红色。这样的配置，兼顾了树群内各种植物的生物学特性，又丰富了季相变化，使整个树群生气勃勃，欣欣向荣。

（2）考虑地方人文因素

色彩是一般美感中最大众化的形式，也是最易引起人眼注意的因素。色彩的文化规律与心理规律是构成色彩美规律的基础。从文化规律来看，任何色彩本身没有好坏、美丑的定性，是人们在长期的社会实践中形成的某种文化观念作用于人的审美判断的结果，这种对色彩美丑、好坏的判断，本质上是一定民族文化观念的显现，是一种“有意味的形式”判断。各个民族由于环境、文化、传统等因素的影响，对于色彩的喜好也存在着较大的差异。如在中国，人们长期与土打交道，视黄色为神圣色彩，成为皇帝的专用色彩，而且成为民间繁荣的标志。我国的古典建筑，如宫殿、寺庙建筑等十分重视色彩的运用。这些建筑常被饰以金黄的琉璃屋顶、大红的墙柱，错彩镂金，艳丽璀璨。而长期与海洋打交道的古希腊人，对各种色彩形成了自己的文化判断，他们把大海深处的紫色视为至高无上的神圣色彩，把大海浅处的颜色认为是“天堂的色彩”。古希腊的帕提农神庙，铜门镀金，瓦铛、柱头及檐部均饰以红蓝为主的浓重色彩，显得瑰丽异常，美不胜收。到了现代，色彩的运用在建筑上更是不可缺少的因素。

综上所述，园林空间组织的目的，首先是在满足使用功能的基础上，运用各种艺术构图的规律创造既突出主题，又富于变化的园林风景；其次是根据人的视觉特性创造良好的景物观赏条件，使一定的景物在一定的空间里获得良好的观赏效果。

所以，园林空间的设计不是对单一要素的设计，也不是对它们的单一摆放，面对不同的空间，如何有效地将其要素融合成一个整体，将是每次设计都需考虑的现实。

作业

○ 类型：私家庭院设计

1. 设计条件

本地块项目属私家庭院，面积约500 m^2，地势基本平坦，庭院东西两侧为邻居别墅，南侧为小区道路（见图9-15）。

2. 功能要求

应为业主设置家庭室外休闲（聚餐、咖啡、打牌、交流等）、散步、观景、坐憩、遛狗等活动空间。

3. 空间氛围

要考虑私家庭院特殊的空间尺度及应有的空间品质及特征。

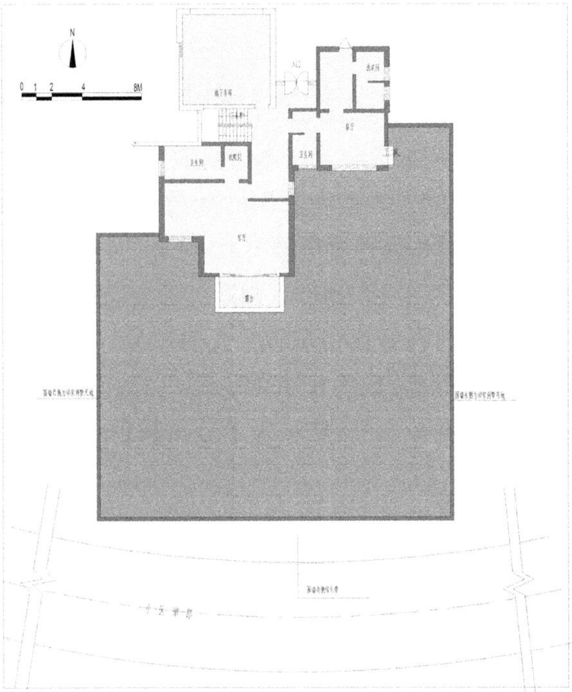

图9-15 设计底图

4. 设计成果

（1）设计总平面图(带简短说明性文字)。

（2）反映设计意图的立面图一张。

（3）剖面图一张。

（4）局部效果图一张。

参考文献

[1] 田学哲:《建筑初步》,中国建筑工业出版社,1982 年。
[2] 王浩:《园林制图》,东南大学出版社,1999 年。
[3] 王晓俊:《风景园林设计》,安徽科技出版社,2000 年。
[4] 曹林娣:《中国园林艺术论》,山西人民出版社,2001 年。
[5] 余树勋:《园林美与园林艺术》,科学出版社,1987 年。
[6] 杨辛,甘霖:《美学原理新编》,北京大学出版社,1996 年。
[7] 苏雪痕:《植物造景》,中国林业出版社,2015 年。
[8] 毛培琳,李雷:《水景设计》,中国林业出版社,1993 年。
[9] 王向荣,林菁:《西方现代景观设计的理论与实践》,中国建筑工业出版社,2002 年。
[10] 陈志华:《外国造园艺术》,河南科技出版社,2013 年。
[11] 周武忠:《寻求伊甸园——中西古典园林艺术比较》,东南大学出版社,2001 年。
[12] 张祖刚:《世界园林发展概论——走向自然的世界园林史图说》,中国建筑工业出版社,2003 年。
[13] 王晓俊:《西方现代园林设计》,东南大学出版社,2001 年。
[14] 俞孔坚,李迪华:《景观设计》,中国建筑工业出版社,2003 年。
[15] 计成:《园冶读本》,王绍增,译,中国建筑工业出版社,2013 年。
[16] 陈丛周:《说园》,同济大学出版社,2007 年。
[17] 彭一刚:《中国古典园林分析》,中国建筑工业出版社,1986 年。
[18] 刘滨谊:《现代景观规划设计》,东南大学出版社,2010 年。
[19] 俞孔坚:《理想景观探源:风水的文化意义》,商务印书馆,1998 年。
[20] 俞孔坚:《景观:生态·文化·感知》,科学出版社,2008 年。
[21] 孙筱祥:《园林设计和园林艺术》,中国建筑工业出版社,2011 年。
[22] 刘滨谊:《图解人类景观:环境塑造史论》,同济大学出版社,2006 年。
[23] 唐学山,李雄:《园林设计》,中国林业出版社,1997 年。
[24] 吴良镛:《人居环境科学导论》,中国建筑工业出版社,2001 年。
[25] 李道增:《环境行为学概论》,清华大学出版社,1999 年。

[26] 彭一刚:《建筑空间组合论》(第三版),中国建筑工业出版社,2008 年。
[27] 王向荣,林箐:《欧洲新景观》,东南大学出版社,2003 年。
[28] 环境与景观设计经典案例编委会:《环境与景观设计经典案例》,中国林业出版社,2007 年。
[29] 环境与景观设计经典案例编委会:《环境与景观设计经典案例》,中国林业出版社,2007 年。
[30] 洪兴宇:《新编平面构成》,辽宁美术出版社,2014 年。
[31] 石宏义:《园林设计初步》,中国林业出版社,2006 年。
[32] 吴卓珈:《园林建筑设计》,中国机械工业出版社,2010 年。
[33] 王志伟,等:《园林环境艺术与小品表现图》,天津大学出版社,2000 年。
[34] 刘晨澍:《手绘景观表现技法》,江西美术出版社,2010 年。
[35] 辛华泉:《色彩构成》,湖北美术出版社,2002 年。
[36] [美]格兰·W·雷德:《景观设计绘图技巧》,王俊,等译,安徽科技出版社,1998 年。
[37] [日]针之谷钟吉:《西方造园变迁史》,邹洪灿译,中国建筑工业出版社,1991 年。
[38] [美]伊丽莎白·罗杰斯:《世界景观设计》,中国林业出版社,2005 年。
[39] [美]麦克哈格:《设计结合自然》,黄经纬译,天津大学出版社,2006 年。
[40] [美]西蒙兹:《景观设计学》,俞孔坚,等译,中国建筑工业出版社,2014 年。
[41] [美]克莱尔库珀马库斯:《人性场所》,俞孔坚,等译,中国建筑工业出版社. 2001 年。
[42] [美]M·艾伦·戴明,西蒙·R·斯沃菲尔德:《景观设计学:调查·策略·设计》,电子工业出版社,2013 年。
[43] [日]芦原义信:《街道的美学》,尹培桐译,百花文艺出版社,2006 年。
[44] [荷]伯纳德·卢本,等:《设计与分析》,林尹星,薛皓东译,天津大学出版社,2010 年。
[45] [美]凯文·林奇:《城市意向》,方益萍,何晓军译,华夏出版社,2001 年。
[46] [美]凯文·林奇,等:《总体设计》,黄富厢,等译,中国建筑工业出版社,1999 年。
[47] [日]原口秀昭:《路易斯·I·康的空间构成》,徐苏军,吕飞译,中国建筑工业出版社,2007 年。
[48] [日]三古彻:《风景阅读之旅》,杨希译,清华大学出版社,2015 年。

[49] 扬·盖尔:《交往与空间》,何人可译,中国建筑工业出版社,2002 年。
[50] [日]枡野俊明:《日本造园心得:基础知识·规划·管理·整修》,康恒译,中国建筑工业出版社,2014 年。
[51] [美]尼古拉斯·T·丹尼斯等:《景观设计师便携手册》,刘玉杰译,中国建筑工业出版社,2002 年。
[52] [美]格兰特·W·里德:《园林景观设计:从概念到形式》,郑淮兵译,中国建筑工业出版社,2010 年。

后　　记

在本书几乎成稿的时候,由于电脑原因,所写内容突然全部丢失,感觉天都塌下了。我将电脑送去修理希望恢复其内容,但是技术人员的答复是没有找到《园林设计初步》的初稿。

那一刻,我不知所措;那一刻,有点怀疑人生的意义。

后来,心想,这应该是老天的用意吧,用此事考验我的意志。庆幸的是原始稿样(原本的讲义)还保留着,我又在生硬的原稿中修改、完善,相同的工作做了两遍。也是因为第二次的重做,迸发了很多新的想法。

这段日子,恰逢常州的"梅雨季节"。雨一直在下,我一直在写。

就这样,心无杂念地一点一滴地将自己的想法付诸纸上,终成书稿,它有别于其他"园林设计初步"的教材。

诸多原因,书稿推迟至今日。希望大家喜欢。

田治国于常州

2015 年 7 月